『计算机实用技能丛书』

Illustrator
从入门到精通 全新版

●))) 云飞◎编著

中国商业出版社

图书在版编目（CIP）数据

Illustrator从入门到精通 / 云飞编著. -- 北京：
中国商业出版社，2021.1
（计算机实用技能丛书）
ISBN 978-7-5208-1332-7

Ⅰ．①I… Ⅱ．①云… Ⅲ．①图形软件 Ⅳ.
①TP391.412

中国版本图书馆CIP数据核字(2020)第221400号

责任编辑：管明林

中国商业出版社出版发行

010-63180647　www.c-cbook.com

（100053　北京广安门内报国寺1号）

新华书店经销

三河市冀华印务有限公司印刷

＊

710毫米×1000毫米　16开　15印张　300千字

2021年1月第1版　2021年1月第1次印刷

定价：69.80元

＊＊＊＊

前 | 言

  Adobe Illustrator 2020（以下简称 Illustrator 2020），是 Adobe 公司最新发布的矢量制图软件，其最大的特色在于制作好的图形可以无限放大，却不会变形，能够广泛应用于印刷出版、专业插画、多媒体图像处理和互联网页面的制作等，还可以为线稿提供较高的精度和控制，适合进行任何小型设计到大型的复杂项目。

  Illustrator 2020 是该软件的新版本，目前已经被数以百万计的设计人员和艺术家使用，从 Web 图标和产品包装，再到书籍插图和广告牌全部可以制作。同时新版本提供了一个新的全局编辑选项，允许用户在一个步骤中全局编辑所有类似对象。当文档中存在一个对象（例如徽标）的多个副本时，此功能非常有用。另外，Illustrator 2020 还增加了高性能和精确度工具，让用户可以轻松专注于设计，而不是过程。当然还有最棒的文字工具，能够将公司名称纳入徽标之中、创建传单或为网站设计建模等。

  本书非常适合 Illustrator 爱好者阅读参考，各高校师生用作 Illustrator 2020 图形图像教材，各级社会电脑培训班用作 Illustrator 2020 培训教材。

  本书一共由 10 个章节组成，采用基础知识与实例学习讲解相结合的方式，由浅入深、循序渐进地讲解了 Illustrator 2020 的基础知识、使用方法和技巧等。本书在每一章节的开始都列出了该章的主要内容与学习目的，然后对每一个知识点都以分步骤的形式进行了详细的讲解，结构清晰，便于读者阅读理解。

  全书给出了大量具体的实例演练，并配以详尽的文字说明和相应的插图说明，使得理论与实践很好地结合在一起，让读者充分做到"即学即练"。

本书章节的内容安排如下：

第 1 章：走进 Illustrator 2020 图形设计世界

第 2 章：Illustrator 2020 基本操作

第 3 章：对象控制操作解析

第 4 章：绘制基本图形

第 5 章：图形上色

第 6 章：修饰图形

第 7 章：图形添加特效

第 8 章：排版图文

第 9 章：印前输出与输出到 Web

第 10 章：基础案例综合演练

书中若有不足之处，望读者不吝赐教。

云飞

目　录

第 1 章

走进 Illustrator 2020 图形设计世界

本章主要内容与学习目的

- 领略 Illustrator 2020 的图形设计魅力
- 熟悉 Illustrator 2020 的工作界面

1.1 Illustrator 2020 概述

Adobe Illustrator 2020（以下简称 Illustrator 2020），是 Adobe 公司最新发布的矢量制图软件，其最大的特色在于制作好的图形可以无限放大，却不会变形，能够广泛应用于印刷出版、专业插画、多媒体图像处理和互联网页面的制作等，还可以为线稿提供较高的精度和控制，适合进行任何小型设计到大型的复杂项目。

Illustrator 2020 是该软件的新版本，目前已经被数以百万计的设计人员和艺术家使用，从 Web 图标和产品包装，再到书籍插图和广告牌全部可以制作。同时新版本提供了一个新的全局编辑选项，允许用户在一个步骤中全局编辑所有类似对象。当文档中存在一个对象（例如徽标）的多个副本时，此功能非常有用。另外，Illustrator 2020 还增加了高性能和精确度工具，让用户可以轻松专注于设计，而不是过程。当然还有最棒的文字工具，能够将公司名称纳入徽标之中、创建传单或为网站设计建模等。

1.2 初识 Illustrator 2020 的图形设计魅力

下面我们以两个简单的 Illustrator 2020 的图形设计实例，开始 Illustrator 2020 图形设计之旅，初步领略 Illustrator 2020 的图形设计魅力和神奇的图形绘制功能。

1.2.1 案例演示：3 步绘制具有神奇效果的太阳图形

操作详解：

（1）选择星形工具，绘制图 1-1 所示星形，然后使用变形工具沿星形外轮廓转动一周，得到如图 1-2 所示图形。

图 1-1

图 1-2

（2）选中绘制的图形，在色板面板选择如图 1-3 所示渐变色彩后，在渐变面板选择渐变类型为"径向渐变"，如图 1-4 所示。

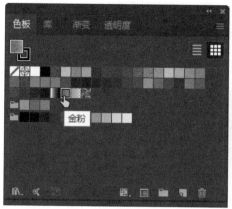

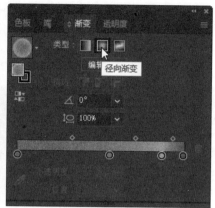

图 1-3　　　　　　　　　　　　　　图 1-4

（3）选择渐变工具，在图形右下方拖
动鼠标，将轮廓色设置为"无"后，得到
如图 1-5 所示的太阳图形。

图 1-5

1.2.2　案例演示：轻松绘制漫画肖像

分析一下图 1-6 所示的漫画肖像在 Illustrator 2020 中的绘制方法。

图 1-6

操作简析：

（1）使用椭圆工具 绘制脸型，再使用扇贝工具
在椭圆的上半部分制作出使自己满意的发型。

（2）使用螺旋线工具 和极坐标网络工具 绘制耳
朵。

（3）使用画笔工具通过在画笔面板中选择不同的笔刷
来完成眉毛、眼睛、鼻子和嘴的绘制（本例仅为演示说明，
以使读者心中有个初步了解，详细操作步骤省略）。

1.3 Illustrator 2020 的工作界面

Illustrator 2020 的工作界面如图 1-7 所示。

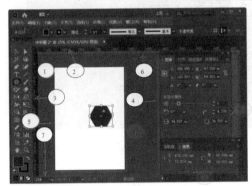

图 1-7

由图 1-7 可以看出，Illustrator 2020 的工作界面由如下内容组成：

1. 主菜单 　　2 标题栏
3. 工具箱 　　4. 浮动面板
5. 页面 　　　6. 标尺
7. 信息栏 　　8. 滑块

1.3.1　标题栏与菜单功能

1. 标题栏

标题栏显示了当前的应用程序、文档的名称、所使用的颜色模式以及显示模式等一些最基本的信息。例如从 Chinese Opera.ai @ 86%（CMYK ／ Preview）中可以得知，当前编辑的是一个文件名为 Chinese Opera.ai 的 Illustrator 文档，显示比例为 86%，色彩模式为"CMYK 模式"，显示方式为"预览"。

2. 菜单功能

菜单中的各项命令及其功能如下所示：

文件：基本的文档操作命令，包括文件的新建、打开、保存等。

编辑：包括对象的复制、剪贴等基本的对象编辑命令。

对象：针对对象进行的操作，包括变换、路径、混成等。

文字：有关文本的操作命令，包括字体、字号、段落等。

选择：有效确定选取范围。

效果：方便地将对象扭曲及添加阴影、光照等效果。

视图：一些辅助绘图的命令，包括显示模式、标尺、引导线等。

窗口：控制工具箱和所有浮动面板的显示和隐藏。

帮助：有关 Illustrator 2020 的帮助和版本信息。

1.3.2　浮动面板

简单地说，浮动面板就是浮在工作窗口上的面板。浮动面板可以根据需要显示、隐藏或最小化，并可以随意将它拖拉到视图上的任何位置。

所有的浮动面板都可以在主菜单的"窗口"菜单中找到。选择相关的命令或使用相对应的快捷键，即可显示或隐藏相对应的浮动面板。

例如，选择"窗口"|"颜色"命令即可显示"颜色"浮动面板，如图 1-8 所示。其中：

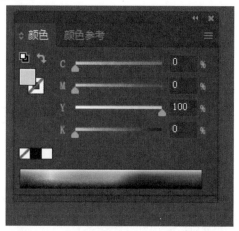

图 1-8

显示或隐藏部分参数按钮为 ；

最小化按钮为 ；

最大化按钮为 ；

关闭窗口按钮为 ；

弹出该面板所包含的菜单命令按钮为

。

根据需要，可以单击小三角显示或隐藏面板中的部分参数控制区域。或者最小化浮动面板，留出更多的工作空间。

如果面板中的选项有多项时，可以拖动右下角边框改变面板窗口的大小。

> **注意：** 按 Tab 键可以隐藏所有的浮动面板和工具箱，再次按下为显示；如按 Shift+Tab 键，将隐藏所有浮动面板，但不隐藏工具箱，再次按下只显示浮动面板而不显示工具箱。

在绘图过程中，可以根据需要重新组合浮动面板，将常用的调板组合在一起，工作起来更为方便。

用鼠标单击并拖动面板组中所需的面板名称，即可将该面板从组中分离出来，成为一个独立的浮动面板，然后将其拖动到其他浮动面板组中，即可完成面板重新组合的操作。

1.3.3　页面与信息栏

1.页面

所谓页面，就是可以在上面进行绘图的地方。页面的大小，就是所设页面的大小。只有在页面以内的对象才能被打印输出。

2.信息栏

信息栏包括视窗最下方的显示比例（如 80%）和工作信息。

从图 1-9 中可以得知，当前文档的显示比例是 72%。可以拖动下拉箭头选择需要的显示比例，或者直接键入数值更改显示比例。

图 1-9

第 2 章

Illustrator 2020 基本操作

- 初步了解各个工具的用途

- 基本文档操作

- 常用参数的设置

- 显示状态的调整

- 页面辅助工具的运用

本章主要内容与学习目的

2.1 工具认知

使用主菜单中的"窗口"|"工具"命令就可以将工具箱显示出来,如图 2-1 所示。

在相应的工具上单击即可使用该工具。当鼠标移动到某一工具上时,该工具图会变成彩色,选定后,呈白色按下状态。除非再选取其他的工具,否则系统将一直保持该工具的选中状态。

某些工具的右下角有一个很小的黑三角,这表示该工具包含展开式工具栏。按住该按钮维持一会儿,即可显示该工具栏。读者可将鼠标在上面移动选择适合的工具。

下面列出了全部工具的名称和简要用途,以便于读者学习参考:

图 2-1

选择工具:选择单个或多个对象,配合 Shift 键可增加或减少选中的对象。

直接选择工具:可以选择和编辑对象的节点,并可以选择或移动群组中的对象。

编组选择工具:可选择或移动群组中的对象。

魔棒工具:选取视图中所有相同颜色的图形。

套索工具:套索选中鼠标描绘路径通过的所有对象。

钢笔工具:绘制直线和曲线来创建对象。

添加锚点工具:增加路径上的节点。

删除锚点工具:删除路径上的节点。

锚点工具:将平滑点与角点互相转换。

曲率工具:调整曲线使曲线变得更加平滑。

文字工具:创建普通文本。

区域文字工具:创建区域文本。

路径文字工具:创建路径文本。

直排文字工具:创建垂直文本。

直排区域文字工具:创建垂直区域文本。

直排路径文字工具:创建垂直路径文本。

修饰文字工具:对字符进行缩放、旋转、移动等操作。

直线段工具:绘制直线。

弧形工具:绘制弧线。

螺旋线工具:绘制螺旋线。

矩形网格工具:绘制矩形网格。

极坐标网格工具:24 绘制极线网格。

矩形工具:绘制矩形。

圆角矩形工具:绘制圆角矩形。

椭圆工具:绘制图形和椭圆。

多边形工具:绘制多边形。

星形工具:绘制星形。

光晕工具:通过矢量图形来模拟发光的光斑效果。

画笔工具:绘制丰富的笔刷效果路径,但没有外轮廓。

斑点画笔工具:绘制笔刷效果路径,带有外轮廓。

Shaper 工具:是一款智能工具,可以识别手绘的大致图形,并生成图像。

铅笔工具:自由手绘路径。

平滑工具:对绘制好的路径进行平滑操作。

路径橡皮擦工具:对绘制好的路径进行擦除操作。

连接工具:实现路径节点的连接。

旋转工具:进行旋转操作。

镜像工具:进行镜像操作。

橡皮檫工具：擦除形状，并将擦除的部分进行闭合路径的处理。

剪刀工具：修剪路径，分离处不封闭。

美工刀：切割路径，分离处封闭。

旋转工具：将所选对象或图案按一定角度整体进行旋转。

比例缩放工具：进行整体的缩放操作。

倾斜工具：进行整体的倾斜操作。

整形工具：用来编辑对象的节点，使路径图形产生变形。

宽度工具：对加宽绘制的路径描边，并调整为各种多变的形状效果。

变形工具：进行扭曲操作。

旋转扭曲工具：将对象进行扭曲变形。

缩拢工具：将对象进行折叠变形。

膨胀工具：将对象进行膨胀变形。

扇贝工具：将对象进行扇形扭曲变形。

晶格化工具：将对象进行晶格化变形。

皱褶工具：将对象进行折皱变形。

自由变换工具：将对象进行位置、大小、形状的调整。

操控变形工具：对对象进行添加、移动和旋转，以便将图稿平滑地转换到不同的位置以及变换成不同的形状。

形状生成器工具：生成形状。

实时上色工具：可以给多个图形进行上色，也可以给图形中的多个区域上色。

实时上色选择工具：对选择的区域上色。

透视网格工具：绘制逼真立体效果。

透视选区工具：对选择的形状进行任意移动，或者对选区的某个锚点进行移动。

网格工具：绘制网格图形，但是所绘制的图形没有表格的属性，不能像表格一样在里面填充内容、合并或删除单元格。

渐变工具：为选定对象添加渐变效果。

吸管工具：从已有对象上吸取所需要的颜色及填充属性。

度量工具：与"信息"面板配合，可查看所绘图形的一些参数。

混合工具：对多个选择对象进行颜色和形状上的混合操作。

符号喷枪工具：创建一个或一组符号样本图形。

符号移位器工具：移动所创建样本图形中的符号。

符号紧缩器工具：控制符号集中符号的密度。

符号缩放器工具：控制符号集中符号的大小。

符号旋转器工具：对图形中的各个符号进行旋转操作。

符号着色器工具：改变图形中各个符号的颜色。

符号滤色器工具：为符号实例应用不透明度。

符号样式器工具：将所选样式应用于符号实例。

柱形图工具：创建柱状图表，可用垂直柱形来比较数值。

堆积柱形图工具：创建叠加柱状图表，可用于表示部分和总体的关系。

条形图工具：创建横条状图表，水平放置条形而不是垂直放置柱形。

堆积条形图工具：创建的图表与堆积柱形图类似，但是条形是水平堆积而不是垂直堆积。

折线图工具：创建的图表使用点来表示一组或多组数值，并且对每组中的点都采用不同的线段来连接。这种图表类型通常用于表示在一段时间内一个或多个主题的趋势。

面积图工具：创建面积图表，与折线图类似，但强调数值的整体和变化情况。

散点图工具：创建散点状图表，所创建的图表沿 x 轴和 y 轴将数据点作为成对的坐标组进行绘制。散点图可用于识别数据中的图案或趋势。它们还可表示变量是否相互影响。

饼图工具 ：创建圆形图表，它的楔形表示所比较的数值的相对比例。

雷达图工具：创建雷达状图表，创建的图表可在某一特定时间点或特定类别上比较数值组，并以圆形格式表示。这种图表类型也称为网状图。

画板工具：创建用于打印或导出的单独画板。

切片工具：将图形或图像分割成多个组成部分。

切片选择工具：选择和移动每个切片组成部分。

抓手工具：可以在插图窗口中移动 Illustrator 画板。

打印拼贴工具：调整页面网格以控制图稿在打印页面上显示的位置。

缩放工具：在插图窗口中增加和减小视图比例。

填充工具组：可以设置对象的填充色和轮廓色。如单击默认填充，可将填充恢复到白色填充，黑色轮廓线的系统默认效果。

绘图模式控件：正常绘图、背面绘图、内部绘图。

屏幕模式控制（F）：正常屏幕模式、带菜单栏的全屏模式、全屏模式和演示文稿模式。

编辑工具栏按钮：用于管理、重置工具箱。

2.2　基本操作

本节将讲述中文 Illustrator 2020 文档的各项基本操作。

2.2.1　案例演示：打开文档

我们以打开一个名为 Flower.jpg 的文件讲述打开文档的操作方法。

操作详解：

（1）选择"文件"菜单的"打开"命令，如图 2-2 所示。

（2）选中要打开的文件图片"Flower"，如图 2-3 所示。

（3）单击"打开"按钮即可打开文档。

图 2-2　　　　　　　　　图 2-3

2.2.2 案例演示：新建文档

按以下步骤新建一个文件名为"text1"的 Illustrator 文档。

（1）选择"文件"菜单的"新建"命令，在"图稿和插图"中选择"明信片"文档预设，键入文件名"text1"，如图2-4所示。

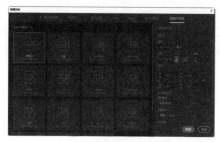

图 2-4

（2）选择所需页面大小。

（3）选取"单位"项，设标尺单位为"毫米"，在"宽度"和"高度"编辑框中键入需要的尺寸，获取自由大小的页面。

（4）单击"方向"下的按钮，将文档方向设为纵向。

（5）单击"高级选项"。然后选择"CMYK 颜色"，如图 2-5 所示。

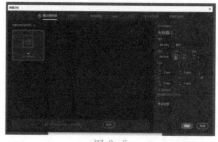

图 2-5

（6）单击"确定"按钮完成设置。

2.2.3 案例演示：保存文档

将 2.2.2 节建立的 text1.ai 空白文档保存到指定目录中。

操作详解：

（1）选择"文件"菜单的"存储为"命令，如图 2-6 所示。

（2）选择文档要保存的文件夹录。并选择保存类型为 Illustrator（＊.ai），然后单击"保存"按钮。如图 2-7 所示。

图 2-6

图 2-7

（3）在弹出的"Illustrator 选项"对话框中单击"确定"按钮，将 text1 保存为后缀为 .ai 的 Illustrator 文件，如图 2-8 所示。

> 注意：“存储”“存储为”“存储为 Web 所有格式”同用于文件的保存，不同的是，“存储为”将文件更名保存；“存储”直接保存并覆盖原文件；“存储为 Web 所有格式”将文件保存为网页格式。

图 2-8

2.2.4 案例演示：更改页面参数

在前面"新建文档"一节中，已经学习了如何对一些主要的页面参数进行设置。也可以在工作过程中对这些参数进行更改。

操作详解：

（1）选择"文件"｜"文档设置"命令。在弹出的如图 2-9 所示的窗口中可以更改页面参数。

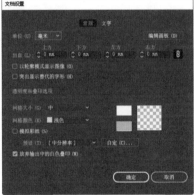

图 2-9

（2）单击"确定"按钮完成更改。

2.2.5 案例演示：更改单位尺寸

这里所说的单位尺寸包括标尺、线宽、字号等3种尺寸。在任何时候都可以方便地更改它们。

操作详解：

（1）选择"编辑"｜"首选项"｜"单位"命令，如图 2-10 所示。

（2）在打开的对话框中设置各个单位尺寸：常规、笔画、文字，如图 2-11 所示。

（3）设置完毕，单击"确定"按钮完成更改。

图 2-10   图 2-11

（4）单击"确定"按钮完成操作。

2.2.6 案例演示：显示状态操作

这里所说的显示状态包括显示比例、显示模式和显示区域。

1.显示比例

可以通过更改显示比例，更改对象在视窗内显示的大小。Illustrator 2020 支持多种方法更改显示比例，可以根据需要选择合适的方法。

例 1：使用工具放大显示。

操作详解：

（1）选中缩放工具 按钮，鼠标显示为 状。

（2）在需放大的图形上单击。每单击一次，图形以单击处为中心在视窗内按比例放大显示，如图 2-12 所示。

图 2-12

注意：缩小显示比例，选中缩放工具🔍的同时按住 Alt 键，鼠标显示为🔍。

例2：局部放大显示。

操作详解：

（1）选中工具缩放工具。按住鼠标左键，在需要放大的部位拉出一个选择框。

（2）选中部分在整个视窗区域内放大显示，放大后的效果如图 2-13 所示。

图 2-13

2. 显示模式

Illustrator 2020 支持两种显示，"预览"模式和"轮廓"模式。在"预览"模式下，图形显示基本和打印输出效果一致；在"轮廓"模式下，图形将只显示线框。由于"预览"模式耗用内存较大，所以当文档较大时，显示速度会变慢，这时，建议使用"轮廓"模式。

可以在"视图"菜单内切换这两种显示模式，具体对应的效果如图 2-14 所示。

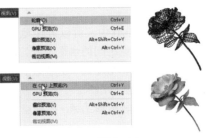

图 2-14

3. 显示区域

可以改变工作页面在视窗内的显示范围，这在图形放大数倍时尤其有用——便于查看图形的每个细节。

操作详解：

（1）选中抓手工具🖐。

（2）按住鼠标左键在页面上拖拉，工作页面在视窗范围内移动。

2.2.7　页面辅助工具

在 Illustrator 2020 中绘制画稿时，可以借助 Illustrator 2020 提供的标尺、辅助线、网格等辅助工具绘制出精确的画稿。

1. 显示标尺

在默认情况下，Illustrator 2020 视窗中不显示标尺。

选择主菜单的"视图"|"标尺"|"显示标尺"命令，显示出水平和垂直标尺，如图 2-15 所示。

图 2-15

Illustrator 2020 默认的标尺原点在视图的左上角（也就是标 0 的位置），在绘制图形的过程中，如果需要将标尺原点移动到视图中合适的位置，单击并拖动默认的标尺原点，在视图中将显示出两条相交的直线，在合适的位置松开鼠标，即可完成新建标尺原点的操作。

> **注意：**如果想恢复系统默认的标尺原点■，双击视窗左上角的标尺原点，即可将标尺原点恢复到默认状态。

2. 测量

在 Illustrator 2020 中，可以方便地测量出视图中任意两点之间的水平距离、垂直距离、直线长度和角度值。这些数值将在"信息"面板中显示出来。

1）测量不规则图形上 A、B 两点间的距离

操作详解：

（1）使用"窗口"|"信息"命令打开"信息"面板。

（2）选中测量工具 ■。

（3）使用"视图"|"对齐点"命令启用捕捉点功能。这样在测量两点间的距离时，系统将自动捕捉鼠标附近的节点，而不会出现误差。

（4）将测量工具从图形 A 点拉到 B 点，如图 2-16 所示。信息面板上显示 A、B 两点间的信息，如图 2-17 所示。

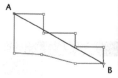

图 2-16　　　　图 2-17

"信息"面板中，X 值表示两点间的水平距离，Y 值表示两点间的垂直距离，D 值表示两点间的直线距离，∠值表示两点间的角度。

2）测量规则图形对象的宽度和高度

操作详解：

（1）使用"窗口"|"变换"命令打开"变换"面板。（或直接在"信息"面板查看）

（2）选择要测量的图形对象，如图 2-18 所示。

（3）在如图 2-19 所示的面板上直接查看 X、Y 参数值，即可知道该对象的宽度和高度。

图 2-18　　　　图 2-19

3. 网格

使用网格可以帮助排列和定位对象，它是绘图时的辅助工具，仅显示于屏幕上，而并不进行打印输出。

默认情况下，网格不显示。使用"视图"|"显示网格"命令，如图 2-20 所示，可以看到在图形的下面显示出浅灰色网格。

图 2-20

1）根据自己的需要与喜好设置网格线的颜色、样式、宽度和细节部分

操作详解：

（1）使用"编辑"｜"首选项"｜"参考线与网格"命令。

（2）打开"首选项"对话框，如图2-21所示。

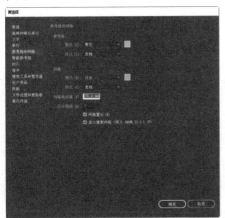

图 2-21

（3）选择网格线的颜色。单击色块可设定任意色彩。

（4）设定每隔多少距离生成一条网格线。

（5）设定网格线之间再分隔的数量。

（6）选择网格线的样式。

（7）单击"确定"按钮完成操作。

2）使用网格帮助在排列对象时的准确定位

操作详解：

（1）使用"视图"｜"显示标尺"命令，使捕捉网格生效。

（2）移动图形。

（3）图形自动吸附到靠近的网格点上（鼠标所指的位置），如图2-22所示。

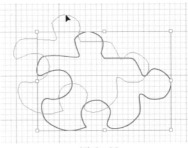

图 2-22

4. 辅助线

辅助线和网格一样，也是帮助排列定位对象的工具。它相对于网格来说，使用更为灵活、方便。使用"视图"｜"参考线"｜"显示参考线"命令将显示辅助线。

同网格线一样，也可以根据自己的需要与喜好设置辅助线的颜色、样式等。

接下来讲解一下创建水平辅助线和垂直辅助线的操作步骤。

操作详解：

（1）将鼠标置于标尺上。

（2）单击并拖动鼠标创建辅助线。

（3）按住 Alt 键拖动鼠标在水平和垂直辅助线之间进行切换。创建的水平辅助线和垂直辅助线如图 2-23 所示。

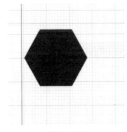

图 2-23

还可以将图形转化为辅助对象。此时，图形将失去原有填充效果，在视图中只显示轮廓线，可以将其作为参照物根据需要排列对象。

移动辅助线：只需简单地以鼠标选中，在视窗范围内拖动即可。

删除辅助线：以鼠标选中，按 Delete 键即可。也可以使用"视图"|"参考线"|"清 除参考线"命令清除视图中所有的辅助对象。

2.2.8 利用智能辅助线精确绘图

所谓智能辅助线，即选择对象时，将会显示出鼠标指针当前所处位置、当前所绘对象的类型、角度等信息。当移动对象时，这些信息将随着鼠标的移动而发生相应的改变。

在实际操作中，可以根据需要设置智能辅助线的选项。这些设置将在"首选项"对话框中完成。

执行"编辑"|"首选项"|"智能参考线"命令打开设置对话框，如图 2-24 所示，具体设置如下。

（1）默认的颜色是洋红色，可以修改颜色。

（2）对话框中的参数尽量不要去掉，这样会使智能参考线的功能比较全。

（3）正常情况下智能参考线是看不到的。

（4）只有拖拽图形的时候，才会在界面中出现洋红色的参考线。

（5）对象突出显示：在编辑对象时，光标所选择的对象将突出显示。

（6）变换工具：在对图形对象执行旋转、缩放、镜像等变换操作时，可显示关于基准点的参考信息。

图 2-24

（7）间距参考线：此处的数值设置规定了图形与辅助对象之间的距离小于多少时，将自动吸附辅助线。

（8）结构参考线：拖动下拉框，可选择角度值。如果选择"自定角度"，则可在 6 个文本框 中键入自己常用的角度值。

（9）对齐容差，例如：

①选择"视图"|"智能参考线"命令启动智能参考线。

②选择图形并将鼠标放至轮廓线上。当光标一角显示"路径"文本信息，表示光标处在对象的路径上，如图 2-25 所示。

图 2-25

③单击并拖动鼠标，显示参考线移动的水平距离和垂直距离，如图 2-26 所示。

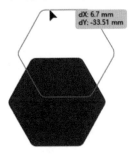

图 2-26

④放开鼠标，完成对象的移动。

2.3　操作技巧

（1）显示范围操作技巧：在使用其他任何工具时，只要按住空格键，鼠标将自动变成抓手工具状，可以随时更改显示区域，而不必时时去工具箱中选择工具图标。

（2）显示比例操作技巧：使用 "Ctrl" 键与 "+" 键放大显示，操作详解如下。

①按住 "Ctrl" 键，再同时按 "+" 键。

②每按一次 "+" 键，工作页面以视窗为中心按比例放大显示。

注意： 要缩小显示比例时，则使用 "Ctrl+ －" 组合键即可。

（3）也可以按住 "Alt" 键，再配合鼠标上下滚动来缩放显示比例。鼠标上滚，放大显示；鼠标下滚，缩小显示。

2.4　本章回顾

本章对 Illustrator 2020 中的每个工具的用途都进行了具体的描述，并对 Illustrator 2020 的基本操作进行了实际操作的步骤解析。要想熟练运用、掌握各种 Illustrator 2020 中的工具使用和基本操作，还需要读者在各种操作步骤的指导下，多多实践，反复练习，熟能生巧。

依照本章各个小节的案例演示练习的同时，注意本章的操作技巧提示，尽快掌握各项操作技巧，可以在最短时间内成为 Illustrator 的快速操作能手。

第 3 章

对象控制操作解析

本章主要内容与学习目的

● 学习如何对图形元素进行选择的操作

● 对象的编组以及编组对象的选择

○ 调整对象的前后顺序

● 对齐和分布对象

3.1 对象的选择

在中文 Illustrator 2020 中，选择对象是最基本的操作。Illustrator 2020 除了选择工具、直接选择工具、编组选择工具、套索工具等，还新增了魔棒工具和完整的选择菜单，强大的选择功能，能大大提高工作效率。不同的选择工具和命令有不同的使用方法，各种对象适合用哪些选择操作，这些都是需要学习的。

3.1.1 选择工具

选择工具▶可以选择整个的对象、编组或者路径。简单地单击对象便可将其选中，若要选择多个对象，同时按住 Shift 键逐一单击或者拖出一个矩形框框住要选择的图形元素即可。当对象被选中时，可对它实现各种操作。

图 3-1 所示为选择工具▶的几种不同形态。

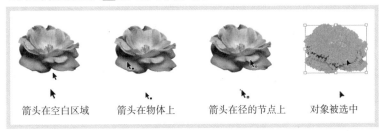

| 箭头在空白区域 | 箭头在物体上 | 箭头在径的节点上 | 对象被选中 |

图 3-1

3.1.2 直接选择工具组

此工具组包括直接选择工具▶和编组选择工具▶。

1. 直接选择工具

直接选择工具▶：用于对象节点的选择和操作，当节点被选中时，呈实心状态，反之呈空心状态。被选中的路径段或者路径将显示上面所有的节点，如果是曲线，会显示所有的方向点和方向线。未被选中的节点以空心的小方块表示，被选中的节点以实心的小方块表示。

该工具作用于对象有几种不同的方式，并产生不同的选择结果，具体如表 3-1 所示。

表 3-1

	1	2	3	4
单击的位置				
结果				
说明	单击对象的填充区域，选中整个对象	单击对象的节点，选中单个节点	单击节点间路径，选中该段路径	拖出虚线框，选择区域内的多个节点

2. 编组选择工具

编组选择工具 ▶️：用于选择编组或嵌编组中的路径或对象。

当几个对象进行编组以后（参见 3.4 节），使用该工具可以分别选择编组中的每一个个体。这在多个嵌套的编组中尤其有效。如图 3-2 所示，图中图形元素"圆"和"三角形"为一个编组，它们和图形元素"长方形"又组成一个大编组。

编组选择工具的操作步骤如下：

（1）选择编组选择工具 ▶️，单击"三角形"将其选中，如图 3-3 所示。

（2）再次单击"三角形"，图形元素 A 也被选中，效果如图 3-4 所示。

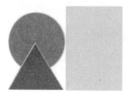  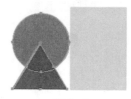

图 3-2　　　　　　　图 3-3　　　　　　　图 3-4

（3）再单击"三角形"，三个图形元素均被选中。

可见，每单击编组选择工具一次，就将编组对象中的另一子集加入当前选择集中。

3.1.3　案例演示：套索工具

使用套索工具 🔲 围绕整个对象或对象的一部分拖动鼠标，可以选择对象、锚点或路径。

操作详解：

（1）选择套索工具 🔲。

（2）拖动鼠标选择路径，如图 3-5 所示。鼠标经过的路径节点部分被选中，

效果如图 3-6 所示。

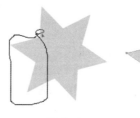 

图 3-5　　　　　　图 3-6

3.1.4　案例演示：魔棒工具

对使用过 Photoshop 的读者，相信对魔棒工具一定不会陌生。Illustrator 2020 中的魔棒工具用以选择具有相近或相同属性的矢量图形对象，"容差"值越小时，选择的对象相似程度越高，容差值大小为 0 ~ 100。

接下来举例说明使用魔棒选择有相近填充色的对象的操作方法。

操作详解：

（1）双击魔棒工具 ✨ 按钮。弹出"魔棒"浮动面板，在此设定填充色容差值，如图

3-7 所示。

（2）鼠标单击图形元素 1。

（3）填充色容差值在 20 以内的图形元素 2 也同时被选中，效果如图 3-8 所示。

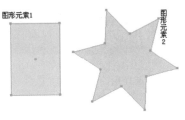

图 3-7　　　　　　　　　　　　　　　　图 3-8

魔棒面板上的每种属性都可以灵活定义，具体含义如下。

填充颜色：选中有相同或相近填充色的对象。

描边颜色：选中有相同或相近线条的对象。

笔描边宽度：选择笔画宽度相同或相近的对象。

不透明度：选择透明度相同或相近的对象。

混合模式：选择混合模式相同或者相近的对象。

3.1.5　案例演示："选择"菜单

虽然 Illustrator 2020 已经具备如此强大的选择工具，但是要执行一些特别的选择操作，如选择游离点，用作蒙版的路径对象等，就需要使用"选择"菜单命令。

例如，执行"选择"|"相同"|"填充"命令，可以选中页面上所有与选中图形元素填充色相同的对象。

操作详解：

（1）绘制 4 个图形元素，将星形和矩形的填充色设为相同，如图 3-9 所示。

图 3-9

（2）选择矩形图案，执行"选择"|"相同"|"填充颜色"命令。星形与所选矩形同时被选中，效果如图 3-10 所示。

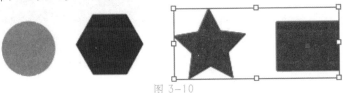

图 3-10

21

另外，使用"选择"|"对象"|"游离点"命令，可以选择视图中全部的游离节点，即没有和任何节点相连的孤立节点，除此以外，"选择"菜单还有其他许多相当有用的命令，此处不一一列举了。

3.2 位移图形元素

当图形元素被选中时，在页面上按住鼠标左键拖动，即可进行位移，此时光标显示为 ▶，如图 3-11 所示。

位移时如果按住 Shift 键，将控制图形元素以水平或垂直方向，以及 45°角的增量在视图范围内位移，效果如图 3-12 所示。

图 3-13

图 3-11   图 3-12

用鼠标拖拉只是控制图形元素移动的大概位置，如要精确移动图形元素，需在变换面板里完成。

操作详解：

（1）绘制一个 50mm×25mm 的矩形。

（2）执行"窗口"|"变换"命令打开变换面板。

（3）图中的小黑块表示矩形在左上角水平 65mm 和垂直 200mm 方向上的位置，如图 3-13 所示。

（4）单击右上角的小黑块，并设置 X、Y 值，如图 3-14 所示。

图 3-14

（5）矩形发生位移，且右上角的位置为所设值。

（6）绘制出一个相同的矩形。将该矩形左上角小黑三角的位置设成与原矩形右上角小黑三角的位置相同，如图 3-15 所示。

（7）两个矩形紧密地排列在了一起，效果如图 3-16 所示。

图 3-15

图 3-16

3.3 案例演示：复制、粘贴与删除对象

1. 复制与粘贴对象操作演示

复制与粘贴对象是绘图过程中最常用的命令，通过复制和粘贴对象能迅速完成相同对象的绘制。读者可以在 Illustrator 2020 的"编辑"菜单找到一系列相关的命令。

下面先进行一个图形元素的复制练习。

操作详解：

（1）选择图形元素，如图 3-17 所示。

（2）执行"编辑" | "复制"命令，如图 3-18 所示。

（3）执行"编辑" | "粘贴"命令，如图 3-19 所示。

还原(U)	Ctrl+Z
重做(R)	Shift+Ctrl+Z
剪切(T)	Ctrl+X
复制(C)	Ctrl+C
粘贴(P)	Ctrl+V
贴在前面(F)	Ctrl+F
贴在后面(B)	Ctrl+B

还原(U)	Ctrl+Z
重做(R)	Shift+Ctrl+Z
剪切(T)	Ctrl+X
复制(C)	Ctrl+C
粘贴(P)	Ctrl+V
贴在前面(F)	Ctrl+F
贴在后面(B)	Ctrl+B

图 3-17   图 3-18   图 3-19

（4）一个相同的图形元素就被复制到了工作平台上，效果如图 3-20 所示。

> **注意：** 如果在上述步骤（2）执行"编辑"|"剪切"命令，原图将被剪切，而不出现在视图内。

读者可能已经留心到，菜单内还有两个粘贴命令："贴在前面"和"贴在后面"。它们和"粘贴"命令的不同之处在于，执行这两个命令可以将复制产生的对象粘贴到选择对象的前面或后面，通常用于改变对象的前后关系。

图 3-20

操作详解：

（1）将上例中的小鱼放至一个有填充色的矩形框内，如图 3-21 所示。

（2）选中小鱼，执行"编辑"|"剪切"命令，效果如图 3-22 所示。

图 3-21　　　　　　　　图 3-22

（3）选中矩形框，执行"编辑"|"贴在后面"命令。

（4）小鱼被粘贴到了矩形框的后面，效果如图 3-23 所示。

（5）保持小鱼为选中状态，执行"编辑"|"剪切"命令。

（6）选中矩形框，执行"编辑"|"贴在前面"命令，效果如图 3-24 所示。

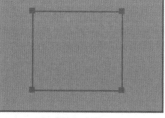

图 3-23　　　　　　　　图 3-24

2. 删除对象

要删除选中的图形元素时，只需简单地单击 Delete 键即可，也可以使用"编辑"|"清除"命令删除所选对象。

3.4 案例演示：编组

编组是将多个对象组合成为一个整体，而它们的位置、大小和形状不变。编组对象后，可以对编组对象整体执行位移和变形。

操作详解：

（1）选中要编组的 4 个独立图形元素，如图 3-25 所示。

（2）执行"对象"│"编组"命令组合图形元素，如图 3-26 所示。

图 3-25　　　　　　　　　　　　　　　　　　图 3-26

（3）图形元素编组为一个整体，效果如图 3-27 所示。

（4）鼠标在空白处单击释放选区，效果如图 3-28 所示。

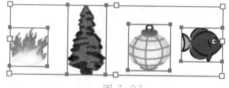

图 3-27　　　　　　　　　　　　　　　　　　图 3-28

（5）使用直接选择工具 在图形元素编组中的任一图形元素上单击，所有图形元素均被选中，如图 3-29 所示。

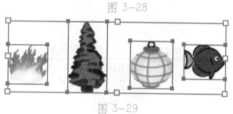

图 3-29

（6）位移图形元素编组中的任一图形元素，原本相互独立的图形元素成一整体移动，效果如图 3-30 所示。

（7）执行"对象"│"取消编组"命令解散图形元素，如图 3-31 所示。

（8）鼠标在空白处单击释处选区，使用直接选择工具单击图形元素。

（9）图形元素不再为成组状态，效果如图 3-32 所示。

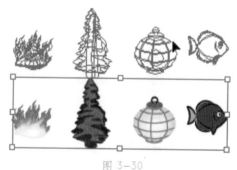

图 3-30

图 3-31　　　　　　　　　　　　　　　　　　图 3-32

由此可见，当对象成组以后，操作时是作为一个整体进行的。

在使用 Illustrator 2020 绘图时，新绘制的图形将自动放在原有图形的上面。如果想调整对象的前后顺序，可以选择不同的排列命令来进行调整。

如图 3-33 中所示图形，它由两个图形元素组成：松树和齿轮。其中齿轮比松树后绘制，叠在松树之上。现在怎样把松树从齿轮后移上来呢？

操作详解：

（1）选择齿轮图形，如图 3-34 所示。

图 3-33　　　　　　　　　　　　　　　图 3-34

（2）执行菜单中的"对象"｜"排列"｜"置于底层"或"后移一层"命令，如图 3-35 所示。

变换(T)	>		
排列(A)	>	置于顶层(F)	Shift+Ctrl+]
对齐(A)	>	前移一层(O)	Ctrl+]
编组(G)	Ctrl+G	后移一层(B)	Ctrl+[
取消编组(U)	Shift+Ctrl+G	置于底层(A)	Shift+Ctrl+[
锁定(L)	>	发送至当前图层(L)	

图 3-35

（3）齿轮放置于松树之下，如图 3-36 所示。

上面的例子中，"置于底层"和"后移一层"命令所起到的作用是相同的，但如果有多于两个的对象相叠时，它们将会产生不同的作用，如图 3-37 所示。

下面讲述如何在上例的基础上再创建一个图形元素，叠在原来的两个图形元素之上。

图 3-36

图 3-37

操作详解：

（1）选中图 3-37 所示的人图形元素，如图 3-38 所示。

（2）执行"对象"｜"排列"｜"后移一层"命令。

（3）人图形元素被置后一层，位于松树的前面、齿轮的后面，效果如图 3-39 所示。

图 3-38

图 3-39

图 3-40

（4）执行"编辑"｜"还原后移一层"命令取消刚才的操作。

（5）执行"对象"｜"排列"｜"置于底层"命令。人形图形元素被置到所有图形元素之后，释放选区后图形元素不可见，如图 3-40 所示。

3.6 对齐与分布

Illustrator 2020 提供的对齐和分布功能，为调整和选择对象的位置提供了很大的方便。可以将多个独立的对象按照一定的方式排列在一起，诸如中心对齐对象、将对象等距离分布等。如图 3-41 所示，Illustrator 2020 将这些操作命令归纳到了对齐面板中。

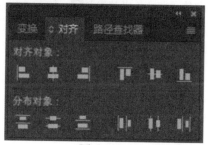
图 3-41

27

3.6.1 案例演示：对齐对象

对齐面板上的按钮，两个大小不同的矩形的排列方式形象地说明了它的功能。从左至右依次为水平左对齐、水平居中对齐、水平右对齐、垂直顶对齐、垂直居中对齐以及垂直底对齐。

水平方向对齐对象时，系统将以选定对象最顶部的节点、中心点，或最底部的节点为基准点进行对齐。

操作详解：

（1）选择所有需要对齐的对象，如图3-42所示。

（2）单击对齐面板上的"垂直顶对齐" 🔲 按钮。所有的对象以选定对象最顶的节点为基准点顶端对齐，效果如图3-43所示。

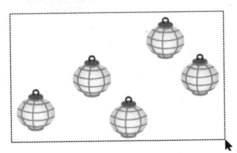

图 3-42

图 3-43

而在垂直方向上对齐对象时，系统将以选定对象最左边的节点、中心点或最右边的节点为基准点。

操作详解：

（1）选择所有需要对齐的对象，如图3-44所示。

（2）单击对齐面板上的"水平居中对齐" 🔲 按钮。所有的对象以选定对象的中心点为基准纵向对齐，效果如图3-45所示。

图 3-44

图 3-45

3.6.2　分布对象

分布对象就是按照某种方式对选择对象执行等距离的排列操作。

从左到右依次为垂直顶分布、垂直居中分布、垂直底分布、水平左分布、水平居中分布和水平右分布。

执行分布对象命令时，如果是纵向分布，位于垂直方向两端的图形元素保持不动，中间的图形元素以顶端、中心或底端为基准点分散。

操作详解：

（1）选择所有需要分布的对象，各个图形元素的距离如图 3-46 所示。

（2）单击对齐面板上的"垂直顶分布" ▤ 按钮。位于垂直方向两端的图形元素保持不动，效果如图 3-47 所示。

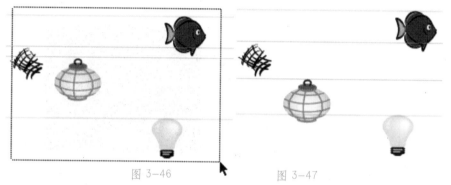

图 3-46　　　　　　　　图 3-47

（3）图形元素以顶端为基准点分散，正如图 3-47 中所显示的，每个图形元素顶端距离相等。

如果执行水平方向的分布命令，则位于水平方向两端的图形元素保持不动，中间的图形元素以左端、中心或右端为基准点分散。

操作详解：

（1）选择所有需要分散的对象，各个图形元素的距离如图 3-48 所示。

（2）单击对齐面板上的"水平左分布"按钮。位于水平方向两端的图形元素保持不动，效果如图 3-49 所示。

（3）图形元素以左端为基准点分散，每个图形元素左端距离相等。

Illustrator 2020允许在对齐面板中对要分布的对象进行具体的间距设置，如图 3-50 所示。如果此项窗口没打开，可以单击对齐面板右上角的按钮▤，在弹出菜单中选择"显示选项"命令。

图 3-48 　　　　　　图 3-49 　　　　　　图 3-50

操作详解：

（1）选择所有图形元素，如图 3-51 所示。

（2）在对齐面板中键入分布间距为 20mm，如图 3-52 所示。

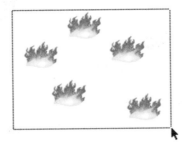

图 3-51

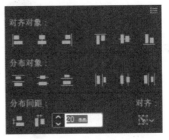

图 3-52

（3）单击其中任一个选定图形元素。

（4）被单击的图形元素位置固定，如图 3-53 所示。

（5）单击对齐面板上的"水平居中分布"按钮。

（6）其余图形元素分散，且每个图形元素之间相距 20mm，效果如图 3-54 所示。

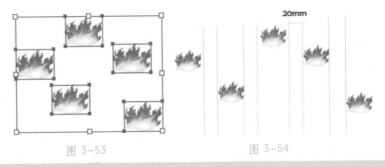

图 3-53 　　　　　　图 3-54

> **注意**：在"分布间距"文本框中键入具体间距后（默认为"自动"），在所选对象中选择一个固定对象，将不能够执行命令，且系统将弹出警告窗口，提示在选择对象中单击一个关键对象。

3.7　锁定与隐藏

在 Illustrator 2020 中，可以将暂不需要编辑的对象锁定或隐藏，以免在处理别的对象时对这些对象进行误操作。当对象被锁定和隐藏后，将不被选中，这样，无论执行何种操作都不会影响到这些对象。锁定和隐藏对应的操作选项如图 3-55 所示。

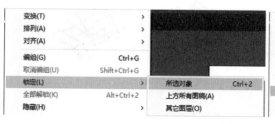 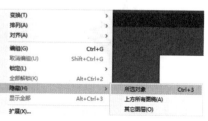

图 3-55

3.7.1　锁定对象

执行"对象"|"锁定"|"所选对象"命令，即可锁定选择对象。

执行"对象"|"锁定"|"上方所有图稿"命令，可锁定选择对象上面所有的对象。

执行"对象"|"锁定"|"其它图层"命令，可锁定当前选择对象所在图层以外所有的图层。

执行"对象"|"全部解锁"命令，可以取消所有对象的锁定状态。

3.7.2　隐藏对象

执行"对象"|"隐藏"|"所选对象"命令，可隐藏所选对象。

执行"对象"|"隐藏"|"上方所有图稿"命令，可隐藏所选择的所有对象。

执行"对象"|"隐藏"|"其它图层"命令，可隐藏当前选择对象所在图层以外所有的图层。

执行"对象"|"显示全部"命令，可以将所有隐藏的对象全部显示出来。

3.8　操作技巧

（1）调整对象前后顺序的操作技巧：使用"Ctrl+Shift+]"组合键可将选择对象移至最前，使用"Ctrl+]"组合键可将选择对象向前移动一个层级，使用"Ctrl+["组合键可将选择对象向后移动一个层级，使用"Ctrl+Shift+["组合键可将选择对象移至最后。

（2）除了利用"复制""粘贴"命令外，还可以利用键盘辅助功能，快速地复制所选中的对象。

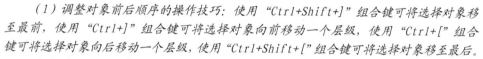

操作详解:

①选择需复制的图形元素。

②按住 Alt 键,拖动鼠标。图形元素位移,鼠标显示为 状,如图 3-56 所示。

③放开鼠标,在松开鼠标的位置复制出一个图形元素,效果如图 3-57 所示。

图 3-56　　　　　　　　　　图 3-57

注意:如移动鼠标的同时按住Shift+Alt键,则可按水平、垂直或45°角复制对象。

（3）编组对象操作技巧:选择需要编组的对象后,使用 Ctrl+G 组合键即可编组所选择对象;相反,如需取消编组对象的编组,在选择编组对象后,使用 Ctrl+Shift+G 组合键即可取消编组。

（4）位移图形元素。单击键盘上的方向键可对选中图形元素进行位移。执行"编辑"|"首选项"|"常规"命令,可在弹出的如图 3-58 所示的对话框中设置键盘增量。这里将键盘增量设为数值 10mm,单击"确定"按钮完成设置。这时每按下一次方向键,图形元素就向该方向位移 10mm。

图 3-58

3.9　本章回顾

绘制一幅精美的矢量图像,往往需要数十个,甚至几百个图形元素的罗列、堆砌。从而熟练掌握对于图形对象的控制操作,成为图形绘制成功与否的重要环节。

所以对于选择工具组的各项选择工具的熟练掌握,对"对象"和"选择"各项命令的灵活运用,是本章学习的重点。

依照本章各个小节的案例演示,进行反复上机练习,是快速掌握 Illustrator 2020 操作技巧的关键。

第 4 章

绘制基本图形

本章主要内容与学习目的

- 区分位图图像和矢量图形
- 学习绘制各种几何图形
- 学习线条工具的使用
- 掌握光晕的运用
- 学习网格工具的使用
- 学习路径和锚点的基础知识
- 学习自由手绘工具的使用
- 学习贝赛尔曲线的绘制
- 掌握路径的编辑
- 学习创建不同的画笔效果
- 学习掌握画笔工具的使用

4.1 位图图像、矢量图形与分辨率

计算机绘图分为位图图像和矢量图形两大类,认识它们的特色和差异,有助于创建、输入、输出编辑和应用数字图像。位图图像和矢量图形没有好坏之分,只是用途不同而已。因此,整合位图图像和矢量图形的优势,才是处理数字图像的最佳方式。

分辨率用于衡量图像细节的表现能力,在图形图像处理中,常常涉及的分辨率的概念包括图像分辨率、显示器分辨率和打印机分辨率。

4.1.1 位图图像

位图图像也称为栅格图像或点阵图像,Photoshop 以及其他的绘图软件一般都使用位图图像。位图图像由像素组成,每个像素都被分配一个特定位置和颜色值。在处理位图图像时,编辑的是像素而不是对象或形状,也就是说编辑的是每一个点。

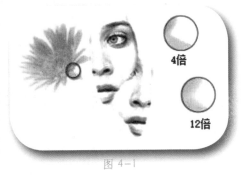

图 4-1

位图图像与分辨率有关,即在一定面积的图像上包含有固定数量的像素。因此,如果在屏幕上以较大的倍数放大显示图像,或以过低的分辨率打印,位图图像会出现锯齿边缘,也就是马赛克现象。在图 4-1 中,可以清楚地看到将局部图像放大 4 倍和 12 倍的效果对比。

4.1.2 矢量图形

矢量图形由矢量定义的直线和曲线组成,Adobe Illustrator、CorelDraw、CAD、Flash 等软件是以矢量图形为基础进行创作的。矢量图形根据轮廓的几何特性进行描述。图形的轮廓画出后,被放在特定位置并填充颜色。移动、缩放或更改颜色不会降低图形的品质。

图 4-2

矢量图形与分辨率无关,可以将它缩放到任意大小,并可以以任意分辨率在输出设备上打印出来,都不会影响清晰度。因此,矢量图形是文字(尤其是小字)和线条图形(比如徽标)的最佳选择。图 4-2 显示了将矢量图形局部放大 4 倍和 8 倍的效果对比。

4.1.3 分辨率

1. 图像分辨率

图像分辨率是指单位图像线性尺寸中所包含的像素数目，通常以像素／英寸（ppi）为计量单位，打印尺寸相同的两幅图像，高分辨率的图像比低分辨率的图像所包含的像素多。如打印尺寸为 1×1 平方英寸的图像，如果分辨率为 72 ppi，包含的像素数目就为 5184（72×72=5184）；如果分辨率为 300ppi，图像中包含的像素数目则为 90000。如图 4-3 所示为两种分辨率图像局部放大后的效果。高分辨率的图像在单位区域内使用更多的像素表示，打印时它们能够比低分辨率的图像呈现更详细和更精细的颜色转变。

300ppi的图像

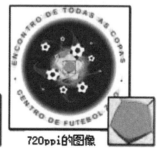
720ppi的图像

图 4-3

要确定使用的图像分辨率，应考虑图像最终发布的媒介。如果制作的图像用于计算机屏幕显示，图像分辨率只需满足典型的显示器分辨率（72 dpi 或 96dpi）即可。如果图像用于打印输出，那么必须使用高分辨率（150 ppi 或 300ppi），低分辨率的图像打印输出会出现明显的颗粒和锯齿边缘。如果原始图像的分辨率较低，由于图像中包含的原始像素的数目不能改变，因此，仅提高图像分辨率不会提高图像品质。

2. 显示器分辨率

显示器分辨率是指显示器上每单位长度显示的像素或点的数目，通常以点／英寸（dpi）为计量单位。显示器分辨率决定于显示器尺寸及其像素设置，PC 显示器典型的分辨率为 96 dpi。

在平时的操作中，图像像素被转换成显示器像素或点，这样，当图像的分辨率高于显示器的分辨率时，图像在屏幕上显示的尺寸比实际打印的尺寸大。例如，在 96 dpi 的显示器上显示 1×1 平方英寸、192 像素|英寸的图像时，屏幕上将以 2×2 平方英寸的区域显示。如图 4-4 所示为 620×400 像素的图像，以不同的显示器尺寸及显示分辨率显示的效果。

640×480   832×624   640×480

1024×768   640×480

图 4-4

3. 打印机分辨率

打印机分辨率是指打印机每英寸产生的油墨点数，大多数激光打印机的输出分辨率为 300~600dpi，高档的激光照排机在 1200dpi 以上。打印机的 dpi 是印刷上的计量单位，指每平方英寸上印刷的网点数。印刷上计算的网点大小（Dot）和计算机屏幕上显示的像素（Pixel）是不同的。

4.2 造型基础案例详解

本节讲述在 Illustrator 2020 中绘制一些基本图形的基础知识及方法。

4.2.1 案例演示：绘制几何图形

在 Illustrator 2020 中可以方便而快捷地绘制几何图形，如矩形、圆、多边形，等等。单击工具箱中的矩形工具█按钮就可以弹出"矩形"工具的展开式工具栏，单击右端的█按钮，可将该展开式工具栏打开，如图 4-5 所示。在下面的内容中将对这些按钮的功能和使用方法逐一进行介绍。

1. 矩形工具

下面来学习如何使用矩形工具█并结合各种功能键和面板，绘制出所需要的矩形。

1）绘制矩形

操作详解：

（1）单击工具箱中的矩形工具█按钮，鼠标显示为✛状。

图 4-5

（2）单击鼠标并在视窗范围内拖动，如图 4-6 所示。

（3）完成矩形的绘制，效果如图 4-7 所示。

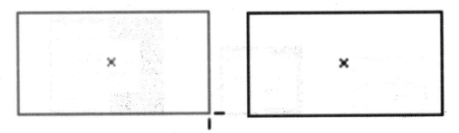

图 4-6   图 4-7

2）绘制正方形

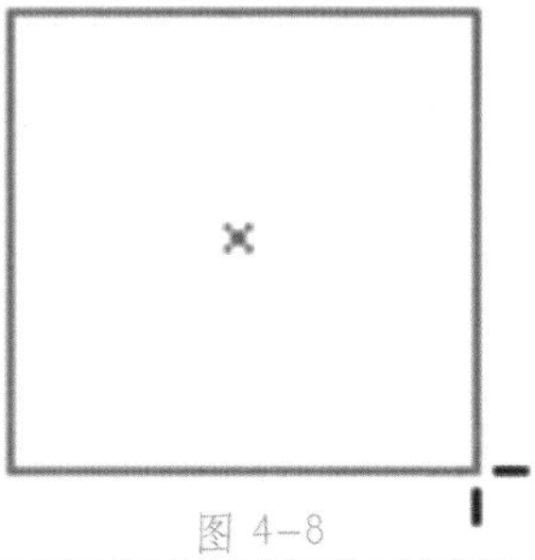

操作详解：

（1）单击工具箱中的矩形工具 ■ 按钮，鼠标显示为 ✛ 状

（2）按住 "Shift" 键并拖动鼠标。

（3）完成正方形的绘制，效果如图 4-8 所示。

图 4-8

3）配合功能键绘制矩形

操作详解：

（1）单击工具箱中的矩形工具 ■ 按钮，并按住 "Alt" 键，鼠标显示为 ⊞ 状。

（2）单击并拖动鼠标。

（3）绘制的矩形由中心点向外扩展，效果如图 4-9 所示。

（4）拖动鼠标同时按住 "Alt+Shift" 组合键。

（5）绘制出中心点向外扩展的正方形，效果如图 4-10 所示。

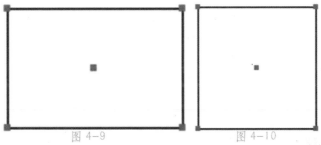

图 4-9   图 4-10

在上面几例绘制矩形的过程中，如果按住空格键，就会"冻结"正在绘制的矩形。可以将视图中正在绘制的矩形移到视图中的任意位置，再松开空格键就可以继续绘制矩形了。

4）绘制精确矩形

操作详解：

（1）单击工具箱中的矩形工具 ■ 按钮。

（2）在视图中的任意位置单击鼠标左键。

（3）弹出"矩形"对话框，如图 4-11 所示。

（4）键入所需要的宽度和高度。

（5）单击 "确定" 按钮。

（6）创建出一个宽为 30mm、高为 20mm 的精确的矩形，效果如图 4-12 所示。

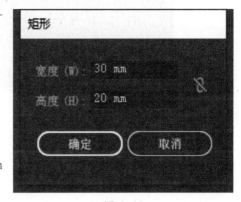

矩形

宽度（W）：30 mm

高度（H）：20 mm

确定   取消

图 4-11

2.椭圆与多边形工具

如图 4-13 所示，使用圆角矩形工具▣、椭圆工具◯、多边形工具⬡和星形工具☆可以绘制出一些简单的圆形和多边形。

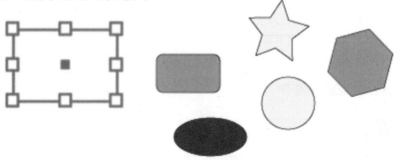

图 4-12　　　　　　　　　　　　图 4-13

由于这些工具的使用方法同矩形工具基本相同，所以此处仅讲述如何利用它们的对话框进行精确绘图。

1）绘制出一个圆角矩形

操作详解：

（1）单击圆角矩形工具▣按钮。

（2）在视图中任意位置单击鼠标左键，弹出"圆角矩形"对话框，如图 4-14 所示。

（3）设定圆角矩形的宽度为 30mm，高度为 20mm，圆角半径为 6mm。

（4）单击"确定"按钮，圆角矩形绘制完成，效果如图 4-15 所示。

图 4-14　　　　　　　　　　　图 4-15

> **注意：** 在用鼠标拖动绘制圆角矩形时，按住"↑"键可加大圆角半径；按住"↓"键可减小圆角半径；按住"←"键将绘制直角矩形；按住"|"键，圆角半径为一个固定的值。

2) 绘制一个椭圆

操作详解:

（1）单击椭圆工具◎按钮。

（2）在视图中任意位置单击鼠标左键，弹出"椭圆"对话框，如图4-16所示。

（3）设定椭圆的宽度为60mm，高度为40mm。

（4）单击"确定"按钮，椭圆绘制完成，效果如图4-17所示。

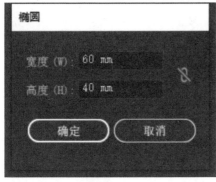

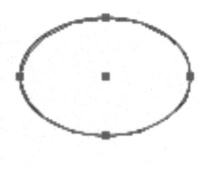

图4-16　　　　　　　　　　　　　图4-17

3) 绘制一个正五边形

操作详解:

（1）单击星形工具◎按钮。

（2）在视图中任意位置单击鼠标左键，弹出"多边形"对话框，如图4-18所示。

（3）设定多边形的半径为30mm，边数为5。

（4）单击"确定"按钮，正五边形绘制完成，效果如图4-19所示。

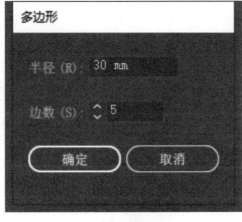

图4-18　　　　　　　　　　　　　图4-19

4）绘制一个六角星形

操作详解：

（1）单击星形工具 ☆ 按钮。

（2）在视图中的任意位置单击鼠标左键，弹出"星形"对话框，如图 4-20 所示。

（3）设定星形的外径为 15mm，内径为 5mm，边数为 6。

（4）单击"确定"按钮，六角星形绘制完成，效果如图 4-21 所示。

图 4-20

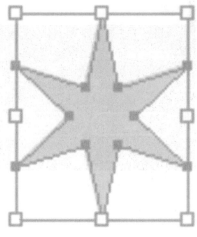

图 4-21

> **注意：** 在用鼠标拖动工具按钮绘制多边形和星形时，按下方向键"↑"可以增加绘制边数，按下方向键"↓"可以减少绘制的边数。

4.2.2 案例演示：绘制光晕图形

光晕工具 ☀ 是 Illustrator 2020 的一个绘图工具，该工具可以为设计品增加各种各样的逼真的光晕效果：阳光、镜头光晕、珠光宝气等。

光晕的基本组成和相关属性。如图 4-22 所示，光晕图形由晕光、放射线、中心控制点、光环、末端控制点构成。

1. 绘制一个光晕图形

操作详解：

（1）单击光晕工具 ☀ 按钮。

图 4-22

（2）在视图中单击鼠标左键，确定光晕图形的中心控制点，如图4-23所示。

（3）拖动鼠标确定光线与光晕大小。

（4）放开鼠标完成光晕的绘制。

（5）在视图中再次单击鼠标左键确定末端控制点的位置，如图4-24末端控制点就是当前的鼠标位置。

在绘制过程中需按住鼠标不放，可旋转或拖拉末端控制柄，使光晕图形符合画稿的需要。

（6）光晕图形绘制完成。

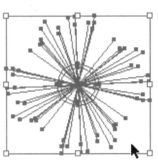

图4-23　　　　　图4-24

2.精确绘制光晕图形

可以利用"光晕工具选项"对话框中不同的选项控制光晕的效果。读者可以调节光晕的"居中""光晕""射线""环形"这四个选项中的参数值，精确地设置光晕图形的大小、长度、角度、模糊程度等各项属性。

选择光晕工具，在视图中单击鼠标，打开"光晕工具选项"对话框，如图4-25所示。

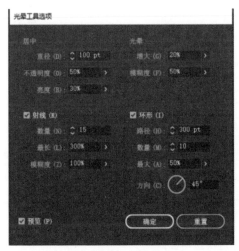

图4-25

这些参数具体含义如下。

1）居中

直径：控制眩光整体大小。

不透明度：控制眩光透明度。

亮度：控制眩光亮度。

2）射线

数量：改变眩光放射线的数量。

最长：调节眩光放射线的长度。

模糊度：调节放射线的密集度。

3）光晕

增大：调节晕光的发光程度。

模糊度：调节晕光的柔和程度。

4）环形

路径：调节眩光中心与末端的距离。

数量：调节所包含的光环数量。

最大：调节光环的大小比例。

方向：调节光环中心到末端的角度。

3.编辑光晕图形

"光晕工具选项"对话框除了可以创建精确的光晕图形，还可以通过它编辑已有的光晕图形。操作时只需简单地选择已有的光晕图形，然后双击光晕工具按钮，打开对话框之后按所需进行调整编辑即可。

4.3 曲线路径绘图案例详解

4.3.1 案例演示：使用线条工具

图 4-26

除了前面讲述的闭合几何图形，Illustrator 2020 还提供了绘制线条图的工具。使用这些工具可以方便地绘制直线、曲线、螺旋线、网格等。

右击工具箱中的直线段工具，可打开该展开式工具栏，如图 4-26 所示。使用这些工具，可以绘制出不同形状的线条图形。

1. 直线工具

单击直线段工具按钮，在视图中单击并拖动鼠标，再松开鼠标即可绘制出一条直线，如图 4-27 所示。

图 4-27

1）绘制直线

操作详解：

（1）单击直线段工具按钮。

（2）在视图中单击并拖动鼠标。

（3）按住 "Shift" 键，绘制的直线以 45° 的成倍的角度旋转。

（4）按住 "Alt" 键，所绘直线以单击点为中心向两端延长。为了便于理解，请参照图 4-28。

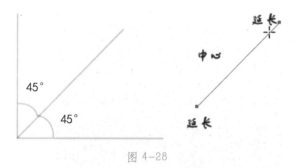

图 4-28

2）精确绘制直线

操作详解：

（1）选择直线段工具按钮，在视图任意范围内单击。

（2）弹出 "直线段工具选项" 对话框，如图 4-29 所示。

（3）输入直线的长度、角度、填充色，或者旋转控制手柄确定角度。

（4）单击 "确定" 按钮，直线创建完成，效果如图 4-30 所示。

图 4-29   图 4-30

2. 绘制弧线和螺旋线

由于弧形工具及螺旋线工具◎的使用方法和直线工具大致相同,所以这里不再赘述。如图 4-31 所示,是使用弧形工具绘制的各种类型的圆弧。

> **注意**:在绘制过程中,按"↑"键可加大弧度或螺旋线的分段数,按下"↓"键可以减小弧度或螺旋线的分段数。

如果需要精确地绘制圆弧,可选择弧形工具◎后在页面中单击,或直接双击工具图标,在弹出的"弧线段工具选项"对话框中进行弧线参数的详细设置,如图 4-32 所示。

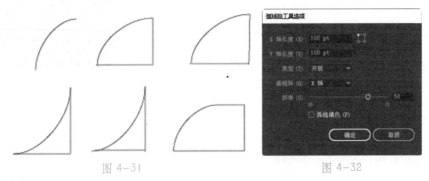

图 4-31   图 4-32

其中:

X 轴长度和 Y 轴长度:分别表示圆弧在 X 方向和 Y 方向上的长度。

类型:选择圆弧类型。"开放"是开放弧线,"闭合"为封闭弧线。

斜率:越靠近"凹入"一侧,表示圆弧的凸起程度越大;越靠近"凸出"一侧,表示圆弧的凹陷程度越大。

弧线填色:表示是否对圆弧填充前景色。

螺旋线工具用于绘制各种方向的螺旋线。如图 4-33 所示,是使用螺旋线工具绘制的各种类型的螺旋线。

图 4-33

使用矩形网格工具▦和极坐标网格工具◉按钮，可以很方便地绘制矩形网格和极线网格图形。

4.3.2 网格工具

1.矩形网格工具

使用矩形网格工具▦可以快速绘制出矩形或正方形网格图形，操作时选择矩形网格工具▦按钮并拖动鼠标绘制即可。网格图形的大小即为鼠标拖动范围的大小。

要精确地绘制网格，可以双击矩形网格工具▦按钮，或选此工具后在页面上单击，在弹出的"矩形网格工具选项"对话框中就可以进行设置，如图 4-34 所示。

宽度和高度：分别为网格的宽度和高度。

"水平分割线"和"垂直分割线"的"数量"：分别表示网格的水平分割数量和垂直分割数量。

"水平分割线"的"倾斜"："下方"与"上方"分别表示水平方向网格线间距增减度。

"垂直分割线"的"倾斜"：分别表示垂直方向网格线间距增减度。

图 4-34

使用外部矩形作为框架：所绘网格的外框是由方框还是线组成。

填色网格：绘制时是否以前景色填充网格。

如图 4-35 所示的两个矩形网格，分别是水平分割线倾斜值为 -50% 和 50% 时产生的图形。

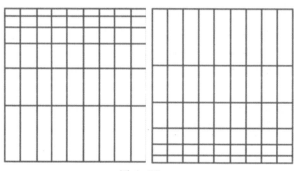

图 4-35

2.极坐标网格

使用极坐标网格工具◉可以绘制出类似经纬线的网格图形。其具体使用方法和矩形网格工具基本相同，都是选定该工具后单击并拖动鼠标进行绘制。

也可以在"极坐标网格工具选项"对话框中进行精确的

设置, 如图 4-36 所示。

默认大小: 极坐标网格的宽度和高度。

同心圆分割线: 同心圆的数量。

径向分割线: 设置放射线的数量。

"同心圆分割线"的"倾斜": 控制各个同心圆
分割线的间距。

"径向分割线"的"倾斜": 控制径向分割线之
间的间距。

图 4-36

4.3.3 路径和锚点

简单地说, 路径是指所有使用绘图工具创建的图形。

路径分为开放式路径 (如直线、弧线) 和闭合式路径 (如圆形、矩形)。在开放
式路径的开始与结尾处的锚点称为端点。可以通过使用选择工具 编辑路径中的锚点,
调整其形状和大小。构成路径的元素包括端点、选中锚点、路径、锚点控制柄、锚点控
制点。

路径上有两种锚点: 平滑点和角点。平滑点连接了两条曲线, 移动其中一边的控制柄,
另一边也会发生相应的变化。

角点两边可以是直线, 也可以是曲线, 移动其中一边的控制柄, 另一边不会受到影响。

4.3.4 徒手绘图

在这里, 可以使用铅笔工具 在视图
中自由地绘制开放或闭合的自由路径, 并
可同时使用平滑工具 和路径橡皮擦工具
对已绘路径进行平滑或擦除等编辑工作。

1. 绘制路径

铅笔工具 并不是一种精确的绘图工
具, 使用该工具在视图中任意拖动鼠标,
即可随着鼠标拖动的轨迹显示出所绘的自
由路径及连接路径的锚点, 如图 4-37 所示。

图 4-37

也可以将鼠标放至路径的端点上, 延
续对该路径的绘制, 单击并拖动鼠标, 便
可继续编辑此路径, 如图 4-38 所示。

图 4-38

当需要绘制闭合路径时, 拖动鼠标
后同时按住 Alt 键, 由末端拖向起始端即
可形成闭合路径。如图 4-39 所示, 要将
A 端和 B 端形成闭合路径, 那么选择了
铅笔工具后将鼠标放置在 B 点, 拖动鼠
标到锚点 A 后松开鼠标, 从锚点 A 到起
始点 B 将自动产生一条直线, 生成闭合

路径。

图 4-39

对闭合路径进行编辑，只要选中铅笔工具在需要编辑的部位单击鼠标左键，并将其拖动绘制出需要的形状即可，如图4-40所示。

图 4-40

此外，双击铅笔工具打开"铅笔工具选项"对话框，如图4-41所示，可以调整"铅笔工具"的属性，使绘制的路径更符合要求。

"保真度"的"精准"：值越大时，路径上锚点数目越少；

"保真度"的"平滑"：值越大，路径越平滑；

保持选定：绘制完的路径处于被选中状态；

编辑所选路径：绘制的路径可以继续编辑；

重置：将使对话框的参数恢复到系统默认状态。

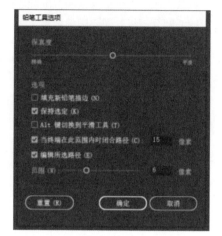

图 4-41

2. 绘制平滑路径

平滑工具 🖊 可以用来对路径图形进一步修饰和编辑。操作时只需将鼠标从选中路径的一侧拖动到另一侧即可。执行平滑操作后，路径和锚点都会有所改变。图4-42所示的是对一个星形执行多次平滑操作得到的结果。

图 4-42

注意：在绘制自由路径时，按住Alt键可以将铅笔工具 🖊 切换到平滑工具 🖊。

在"平滑工具选项"对话框中可以进行平滑参数的设置。不同的平滑参数设置，可以产生完全不同的效果，如图4-43所示。

3. 擦除路径

路径橡皮擦工具 🖊 和平滑工具 🖊 一样，都是对路径进行修饰和编辑的工

（平滑参数最小）（平滑参数最大）

图 4-43

具。所不同的是，它所起到的作用是擦除路径中需要改变的部分。图4-44所示的是对一个路径图形进行擦除后产生的效果。

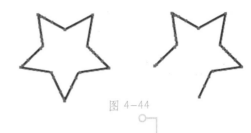

图 4-44

4.3.5 案例演示：钢笔工具的使用

钢笔工具 ✎ 是一种强大的路径绘制工具，用于绘制精确的路径图形。

1. 绘制直线

使用钢笔工具 ✎ 在视图中连续单击，即可方便地绘制出直线、折线和封闭图形，在终点处双击鼠标可以结束绘制。绘制的同时按住 Shift 键可以绘制 45°角的折线。

绘制中将鼠标移回到起点附近，此时单击起点，将绘制出一个封闭的图形，如图4-45所示。

图 4-45

利用钢笔工具 ✎ 绘制精确的直线时，需要打开"信息"面板，如图4-46所示。在绘制的过程中，"信息"面板上的各个参数都将随着鼠标的移动而产生变化。其中，X值是直线起点与终点之间横坐标的差值；Y值是纵坐标的差值；∠表示直线与水平方向的夹角。掌握了这些，绘制一条精确的直线就不是难事了。

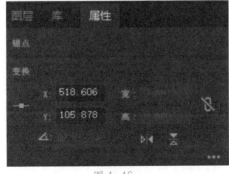

图 4-46

2. 绘制贝赛尔曲线

"贝赛尔曲线"是由法国数学家 Pierre Bezier 发现并命名的。

计算机画图大部分时间是靠操作鼠标来掌握线条的路径，然而使用鼠标随心所欲地画图却并不是一件容易的事，贝赛尔曲线的意义在于它在很大程度上弥补了这一不足。

大家知道，曲线上的锚点分为"平滑点"和"角点"，当移动平滑点的一条方向线时，将同时调整该点两侧的曲线段。下面讲述如何绘制一条锚点为"平滑点"的曲线。

操作详解：

（1）选取钢笔工具 ✎。

（2）用鼠标在直线方向上点按两个锚点，如图4-47所示。

（3）按出第二个锚点时，按住鼠标不放，将方向线向下方拖移，曲线上弯，如图4-48所示。

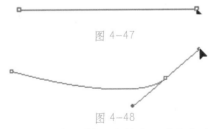

图 4-47

图 4-48

（4）按出第三个锚点，将方向线向上方拖移，曲线下弯，如图4-49所示。

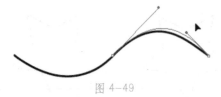

图 4-49

的形状，如图 4-50 所示。

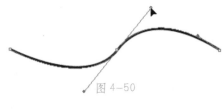

图 4-50

（5）放开鼠标，完成曲线的绘制。
（6）调整平滑点或控制柄改变曲线

注意： 绘制封闭的曲线图形，只要将鼠标移到起点位置单击即可。

3. 绘制混合路径

真正绘图时，路径往往比较复杂，需要绘制包含直线和曲线段的混合路径。不同类型线段之间的连接，需要运用到锚点属性的互相转换。

下面讲述如何利用锚点转换的功能绘制一朵简单的小花。

操作详解：

（1）使用星形工具 绘制一个星形，如图 4-51 所示。
（2）选取锚点工具 。
（3）单击角点并按住鼠标拖动，效果如图 4-52 所示。
（4）锚点转换为平滑点。
（5）继续转换其他的锚点将星形变成一朵小花，效果如图 4-53 所示。

图 4-51

图 4-52

图 4-53

下面绘制稍复杂的榔头图形。

操作详解：

（1）使用钢笔工具 绘制一条直线。
（2）将鼠标放到终点上，单击并拖动鼠标，拉出锚点控制柄，如图 4-54 所示。

（3）添加锚点并按住鼠标拖动，绘制一个曲线段，效果如图 4-55 所示。

（4）将鼠标移至刚绘制的端点上，点按鼠标，将平滑点转为角点，如图 4-56 所示。

（5）按住 Shift 键绘制出一条直线段。

（6）根据需要继续绘制不同的直线和曲线段。

（7）完成榔头的绘制，最终的效果如图 4-57 所示。

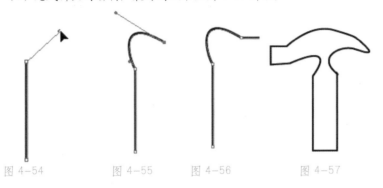

图 4-54   图 4-55   图 4-56   图 4-57

4.3.6 案例演示：编辑路径

无论使用钢笔工具 还是铅笔工具 ，要一次性绘制出比较复杂的图形，都是很难的，这就需要学习如何对路径进行调整。

1. 增加或删除锚点

绘制一条路径，将鼠标移动到路径上需添加锚点处，单击鼠标便可在路径上添加一个锚点，效果如图 4-58 所示。

图 4-58

将鼠标移至刚才添加的锚点上，此时光标显示为 。单击鼠标左键，锚点被删除，路径形状亦同时发生变化，效果如图 4-59 所示。

图 4-59

注意：使用添加锚点工具 和删除锚点工具 添加和删除锚点可产生相同的效果。

如果需要在路径上添加比较多的锚点，每执行一次"对象" | "路径" | "添加锚点"命令，将增加一倍的锚点数。通过图 4-60 所示的图形可以辅助理解。

原图   增添一次   增添两次

图 4-60

下面结合一个特效实际应用一下上面的功能。

操作详解：

（1）绘制一个正圆形，如图 4-61 所示有 4 个锚点。

（2）执行"对象"|"路径"|"添加锚点"命令。

（3）圆形的锚点数增加了一倍，效果如图 4-62 所示。

（4）执行"效果"|"扭曲和变换"|"收缩和膨胀"命令，弹出"收缩和膨胀"对话框。

（5）使之处于"预览"状态，设置"膨胀"值为 50%，具体参照图 4-63 所示。

图 4-61   图 4-62   图 4-63

（6）单击图 4-63 中的"确定"按钮后发现，圆形膨胀了，如图 4-64 所示。

（7）打开"收缩和膨胀"对话框，将滑块向"内陷"方向拉动。

（8）圆形收缩了，如图 6-65 所示。

此外，使用删除锚点工具✎₋ 和 Delete 键删除锚点所产生的效果是完全不同的。下面举例说明：

（1）创建一个六边形。

（2）使用删除锚点工具✎₋ 删除其中的一个锚点，效果如图 4-66 所示。

（3）回到步骤（1），使用选择工具▶选中锚点。

（4）按"Delete"键删除所选锚点，效果如图 4-67 所示。

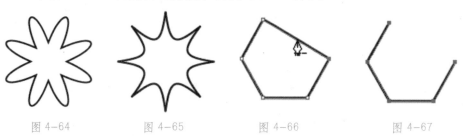

图 4-64   图 4-65   图 4-66   图 4-67

（5）连锚点所在的路径一起删除。

2. 平均锚点

可使用平均锚点命令，将选中锚点的位置重新排列，执行"对象"|"路径"|"平均"命令即可打开"平均"对话框（无锚点选中时，此命令显示为灰色）。举例说明。

操作详解：

（1）创建一个星形图案。

（2）使用选择工具 选中部分锚点，如图4-68所示。

（3）执行"对象"|"路径"|"平均"命令，打开"平均"对话框，如图4-69所示。

（4）选择"水平"选项，选中的锚点将排列到同一水平线上，效果如图4-70所示。

（5）回到步骤（3），选择"垂直"选项。

（6）选中锚点将排列在一条垂直线上，效果如图4-71所示。

（7）回到步骤（3），选择"两者兼有"选项。

（8）选中的锚点被放置在一起，效果如图4-72所示。

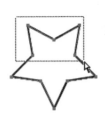

图4-68　　　　图4-69

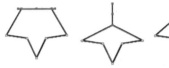

图4-70　　图4-71　　图4-72

注意： "两者兼有"选项相当于先后执行了"水平"和"垂直"两个选项的效果。

3. 路径的延伸

对已绘制的路径，可以继续进行编辑。举例说明。

操作详解：

（1）选择钢笔工具 ，将鼠标移至路径的端点上。

（2）单击鼠标左键，继续对路径进行编辑。以上的步骤可参照图4-73所示的图形加以理解。

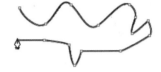

图4-73

4. 简单化锚点

执行"对象"|"路径"|"简化"命令可以简单化路径，调整路径上多途的锚点，且不改变路径图形的基本形状。"简化"对话框如图4-74所示。

图 4-74

简化曲线：指定路径的弯曲度，参数值越小，路径越平滑，锚点越多。

角点角度阈值：指定路径的角度阈值，值越大，路径上每个角越平滑。

转换为直线：选中后所有曲线都变成直线。

显示原始路径：选中后调整的过程中显示原图的轮廓线。

图 4-75 所示的是将弯曲度分别设为 50% 和 100% 时所产生的效果。

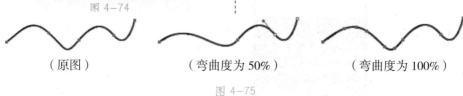

（原图）　　　　　　（弯曲度为 50%）　　　　　（弯曲度为 100%）

图 4-75

5. 切割路径

使用剪刀工具 ✂，可以修剪路径，分隔处不封闭；而美工刀 🔪 可以对图形进行切割，分割处封闭。举例说明。

操作详解：

（1）选择切割的路径。

（2）选择剪刀工具 ✂，用鼠标在选中路径上单击，如图 4-76 所示。

（3）路径被分离，并在单击处创建出两个相同属性的锚点。

（4）使用选择工具 ▶ 拖动新建的锚点，效果如图 4-77 所示。

（5）连续在路径上单击。

（6）路径被切割为可分离的几段，最终的效果如图 4-78 所示。

图 4-76　　　　　　图 4-77　　　　　　图 4-78

可见使用剪刀工具 ✂ 后，路径分离并不闭合。下面看一下用于图形的美工刀 🔪 有何不同。

操作详解：

（1）选中需切割的路径。

（2）选择美工刀 ，按住鼠标在需切割处拖过，如图 4-79 所示。

（3）放开鼠标，图形被分割成可分离的两部分，效果如图 4-80 所示。

使用美工刀 后，图形元素被分割后成为闭合路径。

图 4-79　　　　　图 4-80

6. 连接路径端点

执行"对象"｜"路径"｜"连接"命令可以将路径上选中的两个端点连接在一起。

操作详解：

（1）绘制两条开放的路径。

（2）使用选择工具  选择需连接的端点，如图 4-81 所示。

（3）执行"对象"｜"路径"｜"连接"命令。

（4）路径被连接在一起，并于锚点之间增加一条直线段，效果如图 4-82 所示。

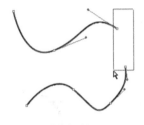　　　

图 4-81　　　　　　　　　　图 4-82

7. 偏移路径

执行"对象"｜"路径"｜"偏移路径"命令可以偏移选中路径，可以根据需要在弹出的对话框中加以设置。

操作详解：

（1）选中如图 4-83 所示的图形元素。

（2）执行"对象"｜"路径"｜"偏移路径"命令，打开"偏移路径"对话框。

（3）将偏移量设为 3mm，连接点为圆角，具体设置如图 4-84 所示。

（4）产生偏移路径，效果如图 4-85 所示。

　　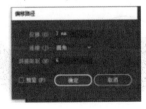　　

图 4-83　　　　　　　图 4-84　　　　　　　图 4-85

8. 分离路径

执行"对象"|"路径"|"分割下方对象"命令，可根据需要切割图形元素。

操作详解：

（1）绘制一个圆形。

（2）使用钢笔工具 绘制一条折线叠加在圆形上，如图 4-86 所示。

（3）执行"对象"|"路径"|"分割下方对象"命令。

（4）圆形被直线分割成两部分。

（5）使用选择工具 ，分别选中两部分填充成不同的颜色，效果如图 4-87 所示。

图 4-86　　　　　　图 4-87

9. 描边路径

执行"对象"|"路径"|"轮廓化描边"命令，可以对路径加以描边，并使用钢笔工具 改变描边产生的路径。

操作详解：

（1）绘制一个圆形图案，如图 4-88 所示。

（2）保持选中，执行"对象"|"路径"|"轮廓化描边"命令。

（3）产生描边路径，效果如图 4-89 所示。

（4）使用钢笔工具 改变描边路径形状，效果如图 4-90 所示。

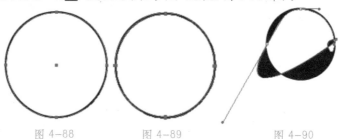

图 4-88　　　　　　图 4-89　　　　　　图 4-90

10. 变形工具

使用 Shaper 工具 拖动选定锚点，可以在保持锚点方向的情况下改变选中锚点的位置，而其他锚点不受影响。参照图 4-91 所示的图形加以理解。

在锚点间路径上单击并拖动，将改变路径的形状，并在单击处增加一个锚点。参照图 4-92 所示的图形加以理解。

图 4-91　　　　　　　　　图 4-92

11.路径导航面板

路径查找器面板可以方便地组合同一层上两个或两个以上的图形,改变它们之间的相交方式。

路径查找器面板上的每个按钮都非常形象地描述了各自的功能,此处列举一个按钮。

(1)绘制两个图形,并将它们叠放到一起,如图4-93所示。

(2)选中图形,打开路径查找器面板,如图4-94所示,使用差集⬛工具。

(3)图形相交部分透空,并以最上面的图形元素的填充色来填充,效果如图4-95所示。

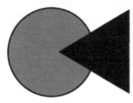  

图4-93　　　　　　　图4-94　　　　　　　图4-95

(4)使用选择工具▶,选中圆形移动。

(5)透空部分的形状随图形相交位置的改变而改变(具体是怎样改变的,读者可以练习体会)。

(6)选中圆形,并改变它的填充色。

(7)三角形图案的颜色也随之改变,如图4-96所示。

(8)重新对原图使用差集⬛工具,并同时按住Alt键。选中圆形将之移开。

(9)相交的部分从两个图形元素上被切除,图形元素外形改变,效果如图4-97所示。

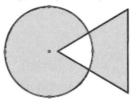 

图4-96　　　　　　　图4-97

4.3.7　案例演示:图像描摹

"图像描摹"可以根据位图的颜色快速生成线框式的矢量图,适用于描摹简单的路径图形或线段。

(1)创建一个名为ducky的Illustrator 2020文档。

(2)执行"文件"|"置入"命令置入素材文件ducky.tif,如图4-98所示。

(3)置入位图文件后,在属性面板的"快速操作"栏下方就出现了"图像描摹"按钮，如图 4-99 所示，单击该按钮可以进行详细的设置，如图 4-100 所示。然后在位图不同的区域上单击，沿着位图颜色边缘形状描摹出路径图形，而位图保持不变。

（4）填充描摹路径。最终的效果如图 4-101 所示。

图 4-98　　　　　　图 4-99　　　　　　图 4-100　　　　　　图 4-101

4.4　案例演示：画笔应用

除了绘制一般的平滑线条，也可以采用自然的水彩或铅笔画笔效果，迅速地对图形做变化。Illustrator 2020 提供了 4 种笔刷模式：书法、散点、艺术及图案画笔。也可以制作自己的画笔类型，但是画笔样本中不能带有渐变、图表及置入的文件。此外，也不能用文字创建画笔样本。

4.4.1　应用画笔

读者所绘制的所有作品几乎都可能转换成 Illustrator 2020 的笔刷类型，从而为读者的作品带来丰富多彩的效果。

操作详解：

（1）绘制一个星形并将其选中，如图 4-102 所示。

（2）执行"窗口"|"画笔"命令，打开画笔面板，如图 4-103 所示。

（3）单击右上角的■按钮，选择"打开画笔库"，如图 4-104 所示。然后选择"图像画笔"下的"图像画笔库"，

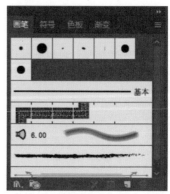

图 4-102　　　　　　　　图 4-103

如图 4-105 所示。

图 4-104   图 4-105

（4）在画笔库列表中单击所需图案，如图 4-106 所示。

（5）所选画笔效果应用到星形路径上的效果如图 4-107 所示。

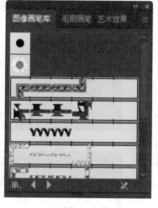

图 4-106   图 4-107

4.4.2 去除画笔效果

对已经应用了画笔效果的路径，可以将笔刷去除。下面以刚才添加了画笔效果的星形为例。

操作详解：

（1）选中要编辑的图形元素。

（2）单击画笔面板底部的"移除画笔描边"按钮 ▣。

（3）所选图案的画笔效果消失，如图 4-108 所示。

图 4-108

4.4.3 创建书法效果画笔

书法画笔创建的笔刷路径具有画笔效果。可以根据需要创建不同粗细、形状的笔刷。

操作详解：

（1）执行"窗口"｜"画笔"命令，打开画笔面板，如图4-109所示。

（2）单击底部的"新建画笔"按钮 。

（3）弹出"新建画笔"对话框，如图4-110所示。

（4）选择新画笔类型为"书法画笔"，单击"确定"按钮。

（5）弹出"书法画笔"选项对话框，如图4-111所示。

（6）设笔尖角度为30°，笔尖圆度为30%，笔尖大小为10pt。

（7）单击"确定"按钮。

（8）将新的笔刷添加到画笔面板中，如图4-112所示。

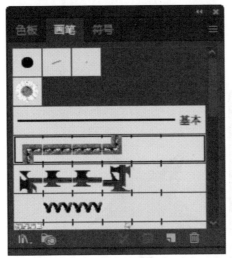

图 4-109

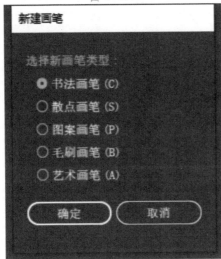

图 4-110

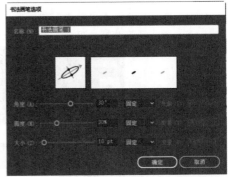

图 4-111

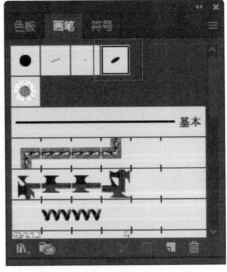

图 4-112

这样，就完成了一个画笔的创建。将此画笔效果应用到一个圆形路径上，对比效果，如图4-113所示。

（原图）　　（应用画笔之后）

图4-113

4.4.4　创建散点画笔

散点画笔即是一个图形对象复制若干个，并沿着路径分布，从而构成的笔刷路径。可以将自己创建的图形设置成散点画笔。

操作详解：

（1）任选一个可构成散点画笔的图形对象，如图4-114所示。

（2）单击画笔面板底部的"新建画笔"按钮，弹出"新建画笔"对话框，如图4-115所示。

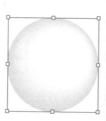

图4-114　　图4-115

（3）选择新画笔类型为"散点画笔"，然后单击"确定"按钮。

（4）弹出"散点画笔"选项对话框，如图4-116所示。

（5）使用默认的画笔参数，并单击"确定"按钮。

（6）新的散点画笔被添加到画笔面板中，如图4-117所示。

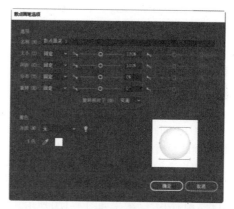

图4-116

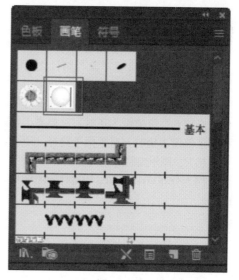

图4-117

（7）使用钢笔工具绘制一条曲线。

（8）单击新建的画笔，将画笔效果应用到所绘的路径上，对比一下效果，如图 4-118 所示。

（应用画笔前）　（应用画笔后）

图 4-118

"散点画笔"选项对话框中具体的参数设置如下。

（1）大小：决定了路径上对象的尺寸。

将上例中的"大小"设为 60%，如图 4-119 所示，对象缩小了，而间距没有变化。

图 4-119

（2）间距：决定了路径上每两个对象之间的距离。

仍以上面的例子为例，把"间距"设为 170%，对象之间的间距扩大了（小于 100% 则缩小），效果如图 4-120 所示。

图 4-120

（3）分布：决定对象与路径之间的距离。

当"分布"值为 0 时，路径位于对象的中心位置；该值设为正时，对象高于路径；该值设为负时，对象低于路径。所设数值越大，图形离路径越远。图 4-121 所示的分别为分布 =0 和分布 =-100 时的图形样式。

图 4-121

（4）旋转：决定了对象的旋转角度，而"旋转相对于"指定对象是相对于"页面"

还是"路径"。参照图 4-122 便于理解。

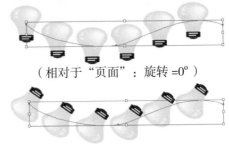

（相对于"页面"：旋转 =0°）

（旋转 =145°）

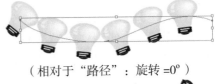

（相对于"路径"：旋转 =0°）

（旋转 =145°）

图 4-122

（5）在"方法"下拉框中，有 4 种不同的画笔对象着色方法，可以根据需要进行选择：

无：保持原来的颜色不变（默认模式）。

色调：根据所选轮廓色，对路径中的画笔对象进行填充。

淡色和暗色：对画笔对象的底色阴影进行着色处理。

色相转换：选择此项进行着色处理时，可使用"主色吸管" [图标] 从图稿中选择的"主色"进行色调切换。

此外，以上每个参数后面都有一个下拉选框 固定 ，表示此参数是固定的。如果将它选为 随机 ，则可设置随机变化的参数。如果在效果不够理想时，可以通过设置"随机"变化的参数来增加逼真的效果。

4.4.5 创建艺术画笔

将一个图形对象沿着所绘路径伸展，就构成了艺术画笔路径。同样可以利用所绘的图形创建属于自己的艺术画笔。

操作详解：

（1）选择一个用于创建艺术画笔的图形，如图4-123所示。

（2）单击画笔面板底部的"新建画笔"按钮 ，弹出"新建画笔"对话框，如图4-124所示。

图4-123　　　　图4-124

（3）选择新画笔类型为"艺术画笔"，单击"确定"按钮。

（4）弹出"艺术画笔选项"对话框，如图4-125所示。

图4-125

（5）单击"方向"栏下的箭头类型，为画笔样本设置方向（箭头所指方向为画笔样本的末端）。

（6）设置画笔样本的宽度为100%。

（7）单击"确定"按钮，就将新建艺术画笔添加到画笔面板中（列表末尾），如图4-126所示。

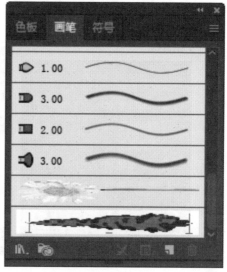

图4-126

（8）使用钢笔工具 绘制一条路径，并应用新创建的艺术画笔效果，最后的效果如图4-127所示。

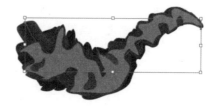

图4-127

此外，也可以试着选中"艺术画笔选项"对话框中的"横向翻转"或"纵向翻转"复选框，以改变图形在路径上的方向。

4.4.6 创建图案画笔

图案画笔就是将一个图案沿着路径重复地显示在路径上，构成一个笔刷路径。图案画笔可以包括边线图案、内角点图案、外角点图案、开始图案与结尾图案5个部分。

操作详解：

（1）选定一个将要定义为图案的图形。单击画笔面板底部的"新建画笔"按钮，弹出"新建画笔"对话框，如图4-128所示。

（2）选择新画笔类型为"图案画笔"，然后单击"确定"按钮。

（3）弹出"图案画笔选项"对话框，如图4-129所示。

图 4-128

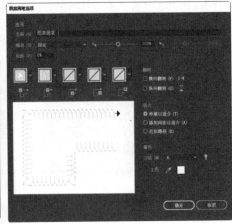

图 4-129

（4）单击"边线拼贴"按钮。

（5）单击按钮右侧的，设置边线图案。

（6）参照步骤（4）（5）选择所需内角和外角图案。

（7）单击"确定"按钮，应用图案画笔到路径，效果如图4-130所示。

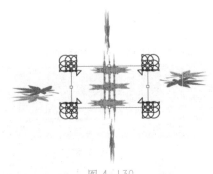

图 4-130

4.4.7 修改画笔样本

如果对现有的画笔不满意，可以通过画笔面板修改它的属性，从而调整现有画笔形状已绘制完成的笔刷路径。

操作详解：

（1）应用画笔样本绘制路径，如图4-131所示。

（2）双击该画笔样本。

（3）重新设置样本的属性，如图4-132所示。

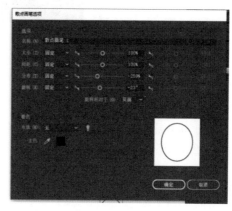

图4-131   图4-132

（4）单击"确定"按钮。

（5）弹出警告对话框，如图4-133所示。

（6）单击"应用于描边"按钮，将改变后的属性应用到路径上，效果如图4-134所示。

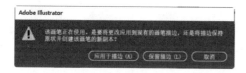

图4-133   图4-134

> **注意**：如果选择"保留描边"，将不改变视图中原有的路径，而只应用到新的路径上。也可以只修改视图中的路径而不改变面板中画笔样本的属性。

举例说明如下：

（1）选择要修改的画笔样本，如图4-135所示。

（2）单击画笔面板底部的"所选对象的选项"按钮 ▦ 。

（3）改变画笔的属性，如图4-136所示。

（4）然后单击"确定"按钮，在弹出的警告对话框中选择"保留描边"，改变后的属性就被自动应用到路径上，效果如图4-137所示。

（5）单击画笔样本，画笔样本没有改变，路径恢复原状。

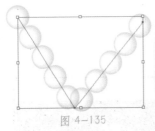 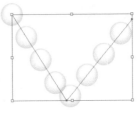

图 4-135　　　　　　图 4-136　　　　　　图 4-137

4.4.8　修改笔刷路径

由于并不是每次绘制的笔刷路径都符合画稿的需要，也可以根据需要对这些笔刷路径的颜色和图案进行必要的修改。

操作详解：

（1）选择需转变的路径图形，如图 4-138 所示。

（2）执行"对象"｜"扩展外观"命令。

（3）所选的笔刷路径显示出画笔样本的外观，如图 4-139 所示。

图 4-138　　　　　　　　　　　图 4-139

（4）使用选择工具 选择单个图形。

（5）根据需要修改各个样本的颜色和位置，修改颜色后的效果如图 4-140 所示。

图 4-140

4.4.9　使用画笔样本库

选择"窗口"｜"画笔库"，在下拉菜单中可以看见几个现成的画笔样本库。如同符号面板一样，只需点选其中的符号，符号面板中就会加上这个符号，非常方便。

4.4.10 画笔工具的使用

使用画笔工具 将直接绘制有画笔效果的路径，或者也可以调用画笔面板中的画笔样本，创建不同的笔刷路径图形。

可以使用画笔工具 绘制各种开放和闭合的路径，或者对已绘制的路径进行编辑。使用方法和其他徒手绘图工具类同，此外就不再赘述了，可参见 4.3.4 中的"徒手绘图"自行练习。

双击画笔工具 ，弹出"画笔工具选项"对话框如图 4-141 所示，可以设置不同的画笔参数，从而得到不同的绘制效果。

其中：

"保真度"之"精确"：参数越大时，所绘路径越接近鼠标拖动的路线，反之则越偏离。

"保真度"之"平滑"：参数越大时，所绘路径越平滑。

填充新画笔描边：填充所绘路径。

保持选定：所绘路径保持选中状态。

编辑所选路径：可继续编辑路径。

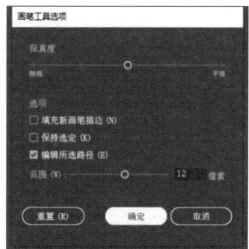

图 4-141

4.5 操作技巧

1. 移动所绘图形

使用 Illustrator 2020 基础绘图工具的绘图过程中，有的功能键的使用是相同的，比如都可以按着空格键即时移动所绘图形，调整图形在视图中的位置。

2. 绘制连续图形

在 4.2 节中学习了如何绘制简单的矩形、椭圆和多边形。除此以外，Illustrator 2020 还为这些简单的图形工具提供了连续绘图功能。在绘图的过程中，在选择任意一种造型工具后，按住键盘上的"~"键，随着鼠标的拖动，将会产生相当有趣的图形效果，如图 4-142 所示。

图 4-142

3.结合功能键绘制光晕图形

在使用光晕工具 ![] 时,可配合键盘上的功能键来绘制光晕图形。

在绘制过程中同时按住"Shift"键,将会使光晕图形的光线保持一个方向不变,如果不按"Shift"键,光晕图形的光线将随着鼠标的移动而改变方向。

在绘制过程如果按住"↓"方向键,可以在绘制的过程中减少光线的数量;按住"↑"方向键,将增加光线的数量。效果如图4-143所示。

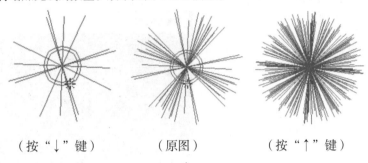

（按"↓"键）　　　　（原图）　　　　（按"↑"键）

图 4-143

如果在绘制过程中按住"Ctrl"键并拖动鼠标,则可以调整中心控制点和环形之间的距离,如图4-144所示。

4.绘制放射线

如果绘制过程中按住"~"键并拖动鼠标,光环将随意地排列在光晕图形上,同时光环也会随着鼠标的拖动而改变位置和数量。所有这些光晕产生的效果各个不同,耐心地试试,一定能创建最炫的光效。

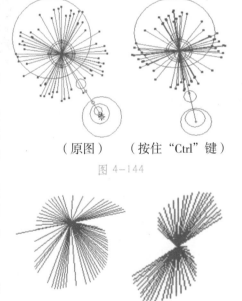

（原图）　　（按住"Ctrl"键）

图 4-144

按住"~"键可以绘制连续的几何图形,这同样可以应用在线条工具上。如图4-145所示,也可以很方便地使用直线工具绘制放射状的多条直线。

5.配合键盘上的功能键绘制网格

绘制时,同时按住"Shift"键,可以绘制正方形的网格。

绘制时,同时按住"Alt"键,可以由单击点为中心向外绘制网格。

（按住"~"键）（按住"~"键+"Alt"键）

图 4-145

绘制时,同时按住"F"键,将使水平网格线间距由下向上以10%递增;同时按住"V"键,将以10%递减。

绘制时,同时按住"X"键,将使垂直网格线的间距由左至右以10%递增;同时按住"C"键,将以10%递减。

绘制时，同时按"|"或"←"箭头键，增加或减少水平方向上的网格线。

绘制时，同时按"↑"或"↓"箭头键，增加或减少垂直方向上网格线。

可以配合这些功能键练习绘制各种类型的矩形网格。图 4-146 所示的图形就是配合其中的部分功能键绘制而成的。

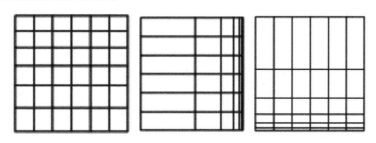

图 4-146

6. 绘制弧线和螺旋线技巧

圆弧工具用来绘制开放或者闭合的多种圆弧。绘制的同时按住"Shift"键，可绘制圆弧；同时按住"C"键，可以将所绘圆弧在开放和闭合间切换；同时按住"F"键，可以绘制翻转的圆弧；同时按住"~"键，可在拖动中得到多条圆弧。

绘制的同时按住"Shift"键，螺旋线将以 45° 为增量旋转；同时按住"Ctrl"键，可以调整螺旋线的紧密程度；同时按住"~"键，可以绘制出多条连续的螺旋线。

7. 使用极坐标网格工具▦绘制极线网格

绘制时：

同时按住"Shift"键，可以绘制圆形的网格；

同时按住"Alt"键，可以由单击点为中心向外绘制网格；

同时按住"F"键或"V"键，将调整射线在网格图形中的排列；

同时按住"X"键或"C"键，将调整同心圆的排列位置；

同时按"|"或"←"箭头键，可增加或减少图形中射线的数量；

同时按"↑"或"↓"箭头键，可增加或减少同心圆的数量。

图 4-147 所示的图形就是配合其中的部分功能键绘制而成的。

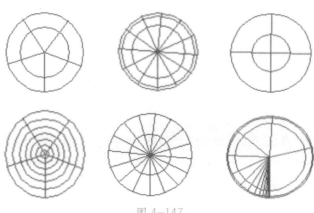

图 4-147

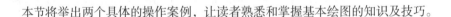

4.6 实例演练

本节将举出两个具体的操作案例，让读者熟悉和掌握基本绘图的知识及技巧。

4.6.1 渤海日出

案例说明：本例教读者制作一张风景光效画：渤海日出。

训练目的：熟悉光晕工具 的使用方法。

操作详解：

（1）执行"文件"｜"新建"命令，选择"图稿和插图"。

（2）设置页面参数，键入文件名"渤海日出"，如图 4-148 所示。然后单击"创建"按钮，创建文档。

（3）执行"文件"｜"置入"命令，置入光盘中的"渤海"图像文件，并使用选择工具 拖动和调整图像大小。

（4）选择光晕工具 并双击，在打开的"光晕工具选项"对话框中设置光晕各项参数，如图 4-149 所示。

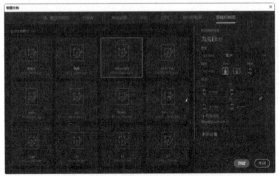

图 4-148

图 4-149

（5）创建出一个光晕图形，如图 4-150 所示。

（6）用"删除锚点工具"将多余的光圈删除，完成效果如图 4-151 所示。

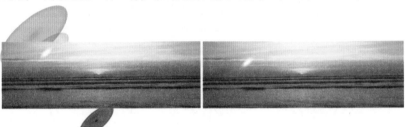

图 4-150 图 4-151

4.6.2　苹果标志

案例说明：本例教读者如何制作苹果标志。

训练目的：熟练钢笔工具的使用，进一步掌握"路径查找器"的形状修剪功能。

操作详解：

（1）执行"文件"｜"新建"命令，选择"图稿和插图"，预设选择"A4"纸张，文档名设置为"苹果标志"，然后单击"创建"按钮建立一个新文档。新建文档对话框的设置如图 4-152 所示。

（3）使用钢笔工具 绘制一个苹果路径，如图 4-153 所示。

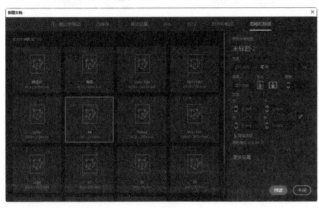
图 4-152

图 4-153

（4）使用"直线段工具" 并结合"复制"和"粘贴"快捷键命令绘制 5 条水平直线段，如图 4-154 所示。

（5）使用"对齐"面板中的"水平居中对齐" 按钮和"垂直居中分布" 按钮来调整线段，如图 4-155 所示。

图 4-154

图 4-155

（6）同时选中直线和苹果图形。

（7）单击"路径查找器"中的"分割" 按钮。

（8）图形被直线分割，效果如图 4-156 所示。

（9）使用编组选择工具 选取每一部分填充不同的色彩，效果如图 4-157 所示。

（10）设边线为空。完成效果如图 4-158 所示。

图 4-156　　　　　　　图 4-157　　　　　　　图 6-158

4.7 本章回顾

通过本章的学习，知道 Illustrator 2020 提供了许多造型工具和曲线绘制工具来进行矢量图形的绘制，其中曲线绘制工具的使用是图形绘制中较难掌握的工具，如钢笔工具、画笔工具、铅笔工具等。需要在实际操作中反复地练习，才可掌握其具体操作的要旨。

另外，在 4.5 节"操作技巧"中所列出的各项绘图操作技巧，对于复杂图形的绘制提供了简便易行的操作方法，所以对于绘图技巧的快速掌握，也是提高实际工作效率的最快捷、有效的手段之一。

第 5 章

图形上色

本章主要内容与学习目的

- 学习填充工具组的使用
- 掌握几种基本填充类型
- 学习描边面板的使用
- 掌握混合工具的使用
- 掌握渐变网格工具的使用

5.1 基本色彩编辑

本节介绍基本色彩编辑知识：填充工具组和调配颜色。

5.1.1 填充工具组

使用"填充工具组" 可以方便地在填充工具组中设置对象的填充色和轮廓色。如单击默认填充，可将填充效果恢复到白色填充，黑色轮廓线的系统默认效果。而单击"互换填充和描边" 按钮，则可将选中对象的填充色和轮廓色互换。

关于填充的一些常用的工具介绍：

填色：	描边：	默认填色和描边：
互换填色和描边：	默认填色和描边：	无填充：
渐变填充：	单色填充：	

5.1.2 调配颜色

在填充过程中，可以配合"颜色"和"色板"面板，选择所需的填充色和轮廓线色。

1.颜色面板

执行"窗口"|"颜色"命令即可打开颜色面板。单击小三角，在弹出菜单中选择支持印刷的CMYK颜色模式，面板显示如图5-1所示。

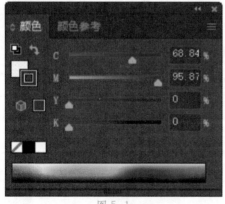

图 5-1

关于图5-1中的几个按钮的介绍：互换填色和描边 ；填色显示框 ；描边显示框 ；无填充 ；白色、黑色填充互换 。

拖动C，M，Y，K后面的滑块，或在相应的文本框中键入数值，便可调配出所需的颜色。所调配的颜色将会在填充显示框或轮廓线显示框中显示出来。可以单击这两个显示框确定当前调配的为填充色还是轮廓线色。

此外，也可以将鼠标放置到底部的色谱条上直接选取颜色，或单击黑、白和无填充色块设定颜色。色谱条： 。

如果绘制的图形将用于网页，必须注意示警色块。此色块提示所选的颜色在Web页上无法显示。单击旁边的立方体，将以示警色块内的颜色代替所选颜色。

注意：除了 CMYK 模式，也可以根据需要选取其他的色彩模式，使用方法类同。

2. 色板面板

执行"窗口" | "色板"命令即可打开色板面板，如图5-2所示。可以直接点选面板上的填充类型进行填充。

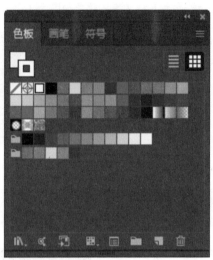

图 5-2

此外，单击"新建颜色组"按钮，可在面板中添加自定义的填充色。

5.1.3　案例演示：单色填充

操作详解：

（1）单击默认填色和描边按钮。

（2）绘制一个矩形，填充为白色，边线为黑色（默认）并保持该矩形的选定状态，如图 5-3 所示。

（3）执行"窗口" | "颜色"命令，打开颜色面板，如图5-4所示。

图 5-3　　　　　图 5-4

（4）设 Y 值为 100%。

（5）矩形被填充为明黄色，边线仍为黑，效果如图5-5所示。

（6）单击描边显示框，将之置前。

（7）在颜色面板中设M和Y值都为100%（M：100、Y：100），C、K值为0。

（8）矩形的轮廓线变成大红色，效果如图5-6所示。

（9）继续选矩形，单击交换填充按钮。

（10）矩形的填充色和轮廓色互相交换，效果如图5-7所示。

图 5-5   图 5-6   图 5-7

5.2 案例演示：渐变填充

渐变填充就是从一种颜色平滑地过渡到另一种颜色的填充。

执行"窗口"|"渐变"命令即可打开渐变面板，如图5-8所示。可以在其中设置渐变的类型、角度。此外，通过拖动渐变条下的按钮 ⬤ 和 ⬤，可改变颜色在渐变填充中的位置；而拖动渐变条上的菱形 ◆ 按钮，可调整渐变色彩的分布情况。

图 5-8

5.2.1 制作渐变球体

举例说明如下：

（1）绘制一个正圆形，如图5-9所示。

（2）打开渐变面板，如图5-10所示，单击渐变条。

（3）圆形填充为黑白渐变色彩，效果如图5-11所示。

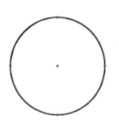

图 5-9　　　　　　　　图 5-10　　　　　　　　图 5-11

（4）更改渐变类型为"径向渐变"，设置如图5-12所示。

（5）图形元素被填充以圆形渐变，效果如图5-13所示。

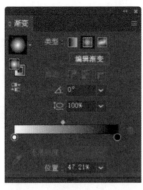

图 5-12　　　　　　　　　　图 5-13

（6）单击渐变滑块下方的黑色按钮，在颜色面板中将颜色更改为M：40、Y：100。

（7）以相同步骤，将渐变滑块下方的白色按钮设为：Y100 ""。

（8）图形元素被填充以金黄色到明黄色的圆形渐变，效果如图5-14所示。

（9）单击工具箱中的"渐变工具"按钮，在图形中会出现一个渐变工具调整条，鼠标接近调整条的末端，鼠标会变成一个带箭头的虚线圆圈。拖动鼠标旋转就能改变渐变色的显示方向，如图5-15所示。

（10）将边线设为空。

（11）渐变球体绘制完成，最终的效果如图5-16所示。

图 5-14　　　　　　　　　图 5-15　　　　　　　　图 5-16

除了简单的双色渐变，单击渐变条下方，可以在渐变条上添加各种颜色的色块，获得更加丰富的填充效果。如果删除某个色块，只要按住该色块往下拖动即可。

5.2.2 制作彩虹效果的渐变填充

举例说明如下：

（1）打开"渐变"对话框。

（2）单击渐变滑块下方的白色按钮。

（3）在颜色面板中将颜色调配为M：100、Y：100。

（4）以同样的步骤将渐变滑块下方的黑色方块的颜色改为M：100。

（5）用鼠标单击渐变条下方，渐变条上添加了一个颜色块" "。

（6）单击新增加的色块，将颜色改为Y：100。

（7）参照步骤（5）～（6），在渐变条上再添加3个色块。从左到右颜色分别设为C：100、Y：100，C：100，C：100，M：100。并拖动菱形块调整渐变条上颜色的分布状态" "。

（8）单击" 🔲 "按钮将渐变色板添加到"色板"面板中。

（9）绘制一个圆形，图形以新定义的渐变色彩填充。

（10）将填充类型改为"径向渐变"，渐变效果如图5-17所示。

图 5-17

5.4 描边面板

执行"窗口"|"描边"命令，便可打开描边面板。通过设置面板中的选项，可以更改轮廓线的属性，包括线的宽度、相交点的形状以及线条的形状等。

5.4.1 设置轮廓线属性

在"粗细"描边处拖动下拉选框或键入数值，可以更改轮廓线的宽度。在默认状态下所绘图形的轮廓线粗细为1pt。

图5-18所示是粗细分别为1pt和8pt的螺旋形。

图 5-18

在"端点"选项组中可设定所绘轮廓线末端的形状。由左至右分别为：平头端点、圆头端点、方头端点。

图5-19从左到右所示的是将一条直线分别设成平头、圆头、方头的三种效果。

图 5-19

当设为圆头时，轮廓线的末端为半圆形；设为平头和方头时，末端都为方形。所不同的是，方头的末端和圆头一样，都向外凸出一段距离，凸出距离是线宽的一半。

当所绘图形有拐角时，还可以在"边角"选项组中设置拐角的属性。由左到右分别为斜接连接、圆角连接和斜角连接。图5-20从左到右所示的是将一个三角形分别应用斜接、圆角和斜角的三种效果。

图 5-20

5.4.2　案例演示：绘制虚线

选中描边面板中的"虚线"复选框，所绘轮廓线转换为虚线。该选项下包含3个"虚线段"和3个"间距"文本框。可在其中键入数值并结合其他的轮廓线设置，绘制出不同的虚线。

操作详解：

（1）绘制一条直线，设线宽为 20pt，末端为圆形，效果如图 5-21 所示。

（2）设置"虚线"复选框

（3）所绘直线变成粗点状虚线，效果如图 5-22 所示。

（4）设置"虚线"复选框

（5）虚线形状改变，效果如图 5-23 所示。

图 5-21　　　　　　　　图 5-22　　　　　　　　图 5-23

5.5 混合工具

使用混合工具  可以在两个图形之间进行形状和颜色的混合。如图5-24所示效果，即为从绿色的矩形混合到黄色的圆形。

图 5-24

5.5.1 案例演示：使用混合工具

做一个简单的练习，初步认识混合工具。

操作详解：

（1）绘制一个矩形，设填充色为 C：100、Y：100，边线为空。

（2）在斜下方绘制一个圆形，设填充色为 Y：100，边线为空，如图 5-25 所示。

（3）双击混合工具 ，弹出"混合选项"对话框，在"间距"下拉列表中选择"指定的步数"，如图 5-26 所示。

（4）设置指定的步数为 100。

（5）单击"确定"按钮。

（6）单击混合工具 ，将鼠标移至矩形的右上角，鼠标显示为"□×"。

（7）单击鼠标左键，移动鼠标至圆形右边上，鼠标显示为"□×"。

（8）单击鼠标，图形元素的形状和颜色均发生混合，效果如图 5-27 所示。

（9）执行"对象"|"混合"|"释放"命令。

（10）混合被取消，恢复到原始状态，如图 5-28 所示。

图 5-25

图 5-27

混合选项

间距 (S)：指定的步数 ∨ 8

取向

确定   取消

图 5-26

图 5-28

仍旧是刚才的两个图形元素，下面试着做不同的混合变化。

（1）仍设指定的步数为100。

（2）将鼠标移至矩形的右下角并单击。

（3）将鼠标移至圆形上边并单击。

（4）图形元素发生与前例不同的混合，效果如图5-29所示。

由此可见，单击点的不同，造成了不同的混合起始点和结束点，所产生的混合形状也可以完全不同。

那么，对混合参数的不同设置，将会带来一些什么变化呢？

在前面的练习中均将指定的步数设成了100。所谓指定的步数，即两个发生混合图形之间产生的过渡图形的个数。下面将指定的步数设为3，看看会产生什么样的混合效果，如图5-30所示。

图 5-29

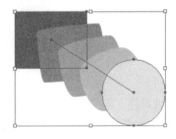

图 5-30

矩形和圆之间产生了3个图形，并且从形状到颜色均由矩形向圆发生过渡。所以，实际上混合图形是由两个原始图形和中间若干个过渡图形组成的。

5.5.2　案例演示：编辑混合图形

如果对所创建的混合不满意，可以随时进行编辑。仍以前面的混合图形为例。

操作详解：

（1）选取如图5-30所示为要编辑的混合图形。

（2）双击混合工具，弹出"混合选项"对话框，点选"预览"进行预览。

（3）将指定的步数设为5，如图5-31所示。

（4）过渡图形数量增添到5个。

（5）在"间距"下拉列表中选择"平滑颜色"，如图5-32所示。

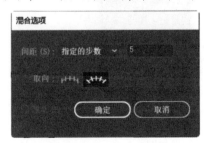

图 5-31

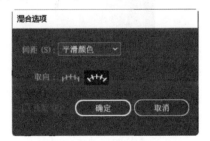

图 5-32

（6）软件根据图形的颜色和形状确定混合步数（通常内定值将产生平滑的颜色过渡和形状变化），效果如图5-33所示。

（7）在"间距"下拉列表中选择"指定的距离"。

（8）设置每个过渡图形元素之间的距离为2mm，如图5-34所示。

（9）混合图形根据所设参数发生变化，效果如图5-35所示。

图5-33

图5-34

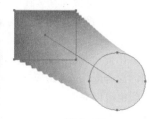

图5-35

除此以外，还可以对混合图形的颜色、方向等进行编辑。举例说明如下：

（1）在图5-35中使用选择工具 选取圆形。

（2）设填充色为C：10、Y：10。

（3）黄到绿的混合变成了浅绿到深绿的混合，效果如图5-36所示。

（4）使用选择工具 选取圆形。

（5）按住鼠标在页面上拖动，如图5-37所示。

（6）混合的方向、距离均发生变化，效果如图5-38所示。

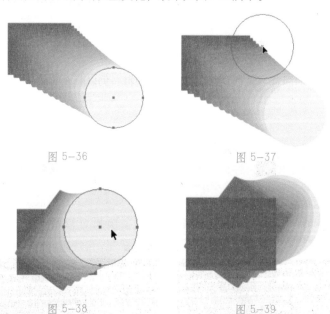

图5-36

图5-37

图5-38

图5-39

（7）选取混合图形。

（8）执行"对象" | "混合" | "反向混合轴"命令。

（9）发生混合的图形前后位置发生置换，效果如图5-39所示。

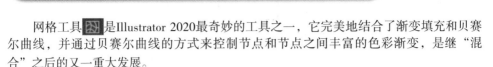

5.6　网格对象

网格工具 ▦ 是Illustrator 2020最奇妙的工具之一，它完美地结合了渐变填充和贝赛尔曲线，并通过贝赛尔曲线的方式来控制节点和节点之间丰富的色彩渐变，是继"混合"之后的又一重大发展。

5.6.1　网格对象的组成

使用网格工具 ▦ 填充过的图形对象称为网格对象，它由网格线、网格点、网格单元格和路径节点组成。

通常，3～4个网格点就能组成一个网格片。每一个网格点之间的色彩产生柔和的渐变，网格点和网格点上手柄的移动会影响颜色的分布。当网格点被选中时，显示为实心的菱形，且四周出现调节手柄，用于控制色彩过渡的方向和距离。

> **注意：** 网格点和原物体的节点是完全不同的。网格点的形状是菱形方块，网格点被选取后，可以填充颜色，而路径的节点是正方形方块，并且不能被填充颜色。

5.6.2　案例演示：渐变网格

1.创建一个简单的渐变网格

用网格工具 ▦ 创建一个简单的渐变网格，让读者初步了解渐变网格的形成。举例说明如下：

（1）创建一个使用单色填充的矩形。

（2）单击网格工具 ▦，将鼠标放置矩形上，光标显示为 ⬚ 状。

（3）单击矩形将它变成一个网格对象，如图5-40所示。

（4）再次单击图形，出现网格点和交叉的网格线，如图5-41所示。

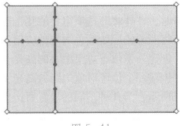

图 5-40　　　　　　　　　　　　图 5-41

（5）继续单击图形添加网格线。

（6）使用选择工具 ▷ 单击网格。

（7）将节点填充为白色，效果如图5-42所示。

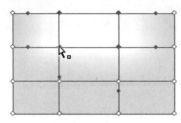

图 5-42

> **注意：** 如果在图形的边缘单击鼠标左键，路径上的节点将变成可以填充的网格点。

2. 使用菜单命令创建渐变网格

举例说明如下：

（1）选取需创建渐变网格的图形，如图5-43所示。

（2）执行"对象"|"创建渐变网格"命令。

（3）弹出"创建渐变网格"对话框，如图5-44所示。

（4）设置"行数"和"列数"为4。

（5）设置"外观"为"至中心"。

（6）设定"高光"为100%。

（7）单击"确定"按钮。

（8）渐变网格创建完成，效果如图5-45所示。

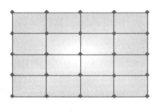

图 5-43　　　　　　图 5-44　　　　　　图 5-45

创建网格时，"外观"选项组中的几个选项含义如下：

平淡色：将对象的原始颜色均匀地应用于表面，没有高光效果。

至中心：创建一个位于对象中心的高光。

至边缘：创建一个位于对象边缘的高光。

如图5-46所示，为几种不同的设置所产生的效果。

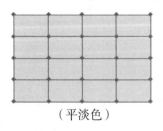
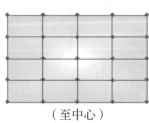
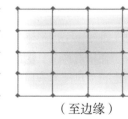

（平淡色）　　　　　　（至中心）　　　　　　（至边缘）

图 5-46

此外，Illustrator 2020中的渐变填充对象也可以转化成网格填充对象，这种转变往往可以产生更加丰富的效果。

3. 渐变填充对象转化成网格填充对象

举例说明如下：

（1）选取一个渐变填充物体，如图5-47所示。

（2）执行"对象"|"扩展"命令，弹出"扩展"对话框，如图5-48所示。

（3）选择对话框中的"将渐变扩展为"下的"渐变网格"。

（4）单击"确定"按钮。

（5）渐变填充对象变成渐变网格对象，效果如图5-49所示。

  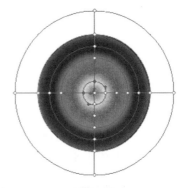

图 5-47　　　　　　　　　　图 5-48　　　　　　　　　　图 5-49

5.6.3　案例演示：编辑网格对象

对于创建完成的渐变填充对象，还需要对它进行进一步的调整，以达成所需效果。

较大的网格密度可以在填充复杂区域时游刃有余，而简单的填充则只需要较少的网格线。下面举例说明如何对网格线进行增减。

（1）使用网格工具 在对象内部单击，如图5-50所示。

（2）增加网格点及网格线，如图5-51所示。

（3）按住Alt键，鼠标移至网格线上，光标显示为 ，如图5-52所示。

图 5-50　　　　　　　　　　图 5-51　　　　　　　　　　图 5-52

（4）单击网格线，该网格线被删除，如图5-53所示。

（5）按住"Alt"键，单击网格点，如图5-54所示。

（6）该网格点及与它相连的网格线一起被删除，如图5-55所示。

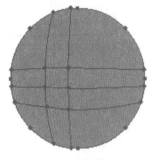 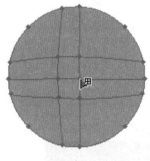 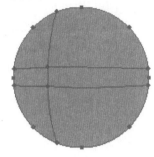

图 5-53　　　　　　　　　图 5-54　　　　　　　　　图 5-55

另一个重要的编辑手段是调整渐变网格。它的调整方法和钢笔工具的调整方法非常相似。可以使用网格工具 、选择工具 以及锚点工具 来对它进行调整。

下面对一个网格渐变对象进行一番调整。

（1）创建一个中心渐变的网格图形，如图5-56所示。

（2）使用网格工具 选择一个网格点拖动，如图5-57所示。

（3）使用选择工具 单击并拖动整个网格片，如图5-58所示。

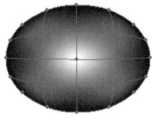 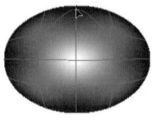 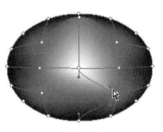

图 5-56　　　　　　　　　图 5-57　　　　　　　　　图 5-58

（4）使用选择工具 拖动网格点旁的调节手柄，如图5-59所示。

（5）使用锚点工具 调节节点属性，如图5-60所示。

（6）渐变的形状和色彩的过渡均发生变化，如图5-61所示。

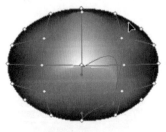 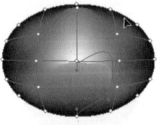 

图 5-59　　　　　　　　　图 5-60　　　　　　　　　图 5-61

注意：移动单个或多个网格点时，按住"Shift"键可以限制沿着网格线移动。

5.6.4　案例演示：调整网格对象颜色

网格对象的每一个网格点和网格片都可以填充不同的颜色，以达到所需的渐变效果。可以使用不同的方法填充所选的网格点或网格片，比如使用颜色面板调配，或者将"色板"面板上的色块拖放到网格对象上，或者利用填色 ▢ 工具单击网格单元为它填充颜色。可以根据具体需要选择合适的方法。

下面举例说明如何利用颜色面板调配网格渐变对象的颜色。

（1）选择一个网格点，如图5-62所示。

（2）在颜色面板中调配该网格点的颜色。

（3）网格点被填充所调配的颜色，效果如图5-63所示。

（4）使用选择工具 ▶ 选择一个网格片，如图5-64所示。

（5）在颜色面板中继续调配，网格片的颜色随之发生变化，效果如图5-65所示。

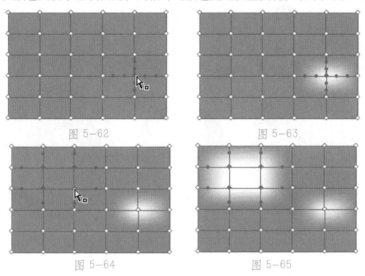

图 5-62　　　　　　　　　　　　图 5-63

图 5-64　　　　　　　　　　　　图 5-65

5.7　实例演练

5.7.1　制作按钮

本例教读者如何制作一个简单的按钮，目的在于让读者熟练掌握渐变填充的操作方法。

操作详解：

（1）绘制一个直径为 40mm 的正圆形，如图 5-66 所示。

（2）设置填充色为白色到蓝色（C：100、M：40）的渐变，设填充类型为"径向渐变"，效果如图5-67所示。

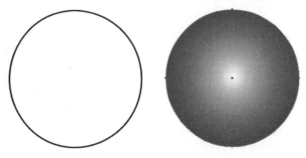

图 5-66   图 5-67

（3）使用渐变工具■■调整渐变方向，并设边线为空，效果如图 5-68 所示。

（4）绘制一个直径为 30mm 的正圆，并设填充类型为线性渐变，效果如图 5-69 所示。

（5）使用渐变工具■■调整渐变方向。

（6）选取前面的两个图形，单击"对齐"面板上的"水平居中对齐"■和"垂直居中对齐"■按钮，将两个图形中心对齐。

（7）按钮制作完成，最终的效果如图 5-70 所示。

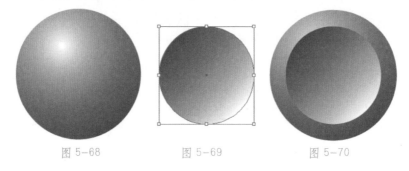

图 5-68   图 5-69   图 5-70

5.7.2 绳结

本节是一个混合应用的实例操作，目的在于让读者进一步领略混合工具带来的奇妙效果。

操作详解：

（1）使用铅笔工具绘制一条"8"字形路径，如图 5-71 所示。

（2）设轮廓色为 M：40、Y：100，线宽为 8pt。

（3）选取所绘路径，执行"编辑" | "复制"命令。

（4）执行"编辑" | "贴在前面"命令生成一条复制路径。

（5）设路径宽度为 1p，轮廓色为 Y：30，效果如图 5-72 所示。

（6）在"混合选项"对话框的"间距"下拉列表中选择"指定的步数"，将其值设为 100。

（7）选取全部对象，执行"对象"|"混合"|"建立"命令，完成一条绳圈的制作，效果如图5-73所示。

图5-71　　　　　　　　　　图5-72　　　　　　　　　　图5-73

（8）复制一条绳圈，并将其旋转至适合角度。

（9）将复制的图形放至合适位置，如图5-74所示。

（10）将线端设为圆头，绘制一条短直线。

（11）重复步骤（2）～（7），将所绘短线生成混合图形，完成结头的制作，效果如图5-75所示。

图5-74　　　　　　　图5-75

（12）将结头放至合适位置，如图5-76所示。

（13）用同样的方法再绘制两条绳子。

（14）将上一步所绘绳子放至合适位置，将其置后，完成一个绳结的制作，效果如图5-77所示。

（15）复制两个绳结，并放至合适位置，最终的效果如图5-78所示。

图5-76　　　　　　　　　　图5-77　　　　　　　　　　图5-78

5.8　本章回顾

本章介绍了Illustrator 2020中所有的图形上色工具及上色面板的使用，使大家从轮廓图形的学习阶段进入了五彩的彩色绘图世界，从单色轮廓图形到彩色填充图形的过程，也是真正进入Illustrator 2020图形设计世界的必经之路。

第 6 章

修饰图形

- 学习各种变形工具的使用
- 学习"变换"面板的使用
- 掌握"图层"面板的使用
- 掌握蒙版功能的运用
- 掌握"透明"面板的使用
- 掌握"链接"面板的使用
- 学习使用符号工具和符号面板库

本章主要内容与学习目的

6.1 变换图形

6.1.1 Illustrator 2020 的变形工具

Illustrator 2020 中的变形工具包括：新增的液化工具组；"变换"面板；"对象"菜单下的"变换"子菜单；"滤镜"菜单下的"扭曲"子菜单；"效果"菜单下的"扭曲和变换"子菜单等。

6.1.2 案例演示：基本变形

对象的基本变形操作包括缩放、旋转、镜像、倾斜等。在 Illustrator 2020 中，可使用多种方法达到这些变形目的。

1. 缩放对象

可以在水平或垂直方向上缩放对象，也可在两个方向上对对象进行整体缩放。默认的缩放基准点为对象的中心点。

1）使用选择工具 进行直观缩放

通常在不要求精确缩放的情况下，可以使用选择工具 进行直观的缩放。

操作详解：

（1）选中对象，出现矩形选择框，如图 6-1 所示。

（2）光标移动到四角的控制点上，移动鼠标可以对对象进行缩放，如图 6-2 所示。

（3）缩放的同时按住 Shift 键，缩放时对象的纵横比例保持不变，如图 6-3 所示。

（4）光标移动到中间的控制点上，分别可以对对象进行横向或纵向的拉伸，如图 6-4 所示。

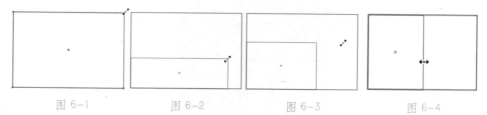

图 6-1　　　　图 6-2　　　　图 6-3　　　　图 6-4

2）设置缩放的基准点

使用 缩放工具，可以设置缩放的基准点。

操作详解：

（1）选取需要变换的对象。

（2）单击缩放工具 ，在对象中心显示缩放的基准点，如图 6-5 所示。

（3）在页面上单击并拖动鼠标，对象以基准点为中心缩放，如图6-6所示。

（4）在空白处双击改变基准点位置，如图6-7所示。

（5）拖动鼠标，对象以新的基准点为中心缩放，如图6-8所示。

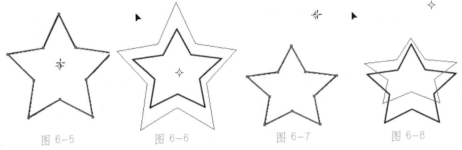

图6-5　　　　　　图6-6　　　　　　图6-7　　　　　　图6-8

3）比例缩放

可以使用对话框对选定图形元素进行精确的缩放。

操作详解：

（1）选定对象，如图6-9所示。

（2）双击比例缩放工具 ，弹出"比例缩放"对话框，如图6-10所示。

（3）设置放大比例。

（4）单击"确定"按钮。

（5）选中对象所设值按比例进行缩放。

（6）回到步骤（3），单击"复制"按钮。

（7）缩放并复制图形元素，效果如图6-11所示。

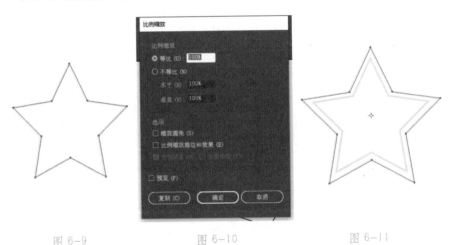

图6-9　　　　　　　图6-10　　　　　　　图6-11

4）"比例缩放"对话框中的其他设置

选择"不等比"可以分别设置对象的"水平"和"垂直"缩放值，对对象进行不等比缩放。
试将一图形元素进行水平140%、垂直80%的不等比缩放，产生效果如图6-12所示。

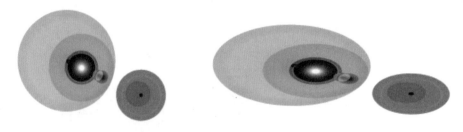

图 6-12

　　如果选择"比例缩放描边和效果"复选框，在缩放对象时，轮廓线的宽度也将随对象的缩放而缩放。若不选择此项，对象缩放时，轮廓线的宽度保持不变，如图 6-13 所示。

图 6-13

　　选择"变换图案"复选框，在缩放的同时，图形中所填充图案也进行缩放；如不选择此项，则缩放仅作用于图形，填充的图案不发生变化，如图 6-14 所示。

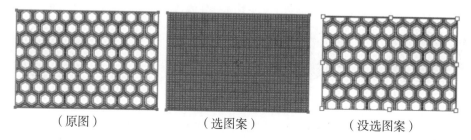

　　（原图）　　　　　　　（选图案）　　　　　　（没选图案）

图 6-14

2. 旋转对象

1）直观旋转

同缩放一样，当不需要精确旋转时，可以使用选择工具 ▶ 进行直观旋转。

操作详解：

（1）选中对象，出现矩形选择框。

（2）将鼠标移至四角的控制点外，光标显示为"↰"。

（3）单击并拖动鼠标，图形元素随鼠标移动方向进行旋转，效果如图 6-15 所示。

注意：拖动鼠标的同时按住"Alt"键可旋转并复制图形元素。

同样，也可以使用旋转工具 设置旋转中心点，以及双击旋转工具 ，在打开的如图 6-16 所示"旋转"对话框中设置具体的旋转角度，以及是否旋转图案等。操作方法与比例缩放工具 类同，此处不再重复。

图 6-15

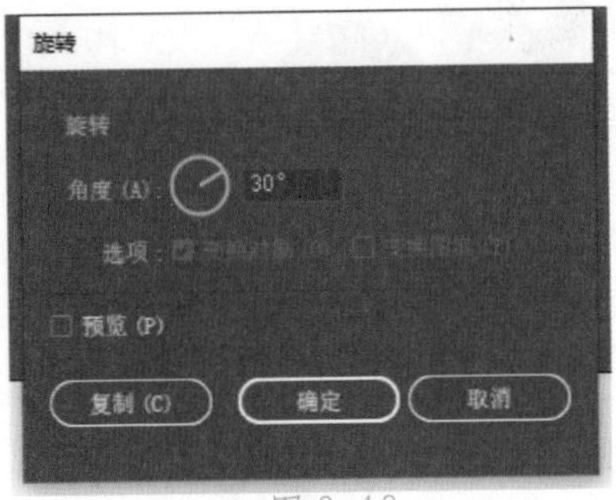

图 6-16

2）镜像

使用镜像工具 可以对选定图形元素进行镜像操作。

操作详解：

（1）选取图形元素。

（2）使用镜像工具 在页面上单击确定镜像的基准点（默认为图形元素的中心），如图 6-17 所示。

（3）围绕镜像基准点单击拖动，显示镜像操作的预览图形，如图 6-18 所示。

图 6-17 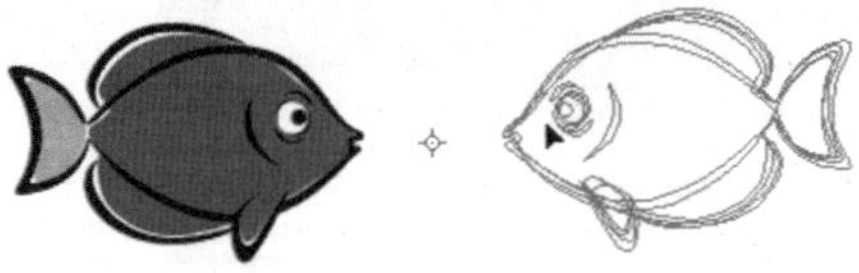　　　　　　　　图 6-18 　　　　　　　　图 6-19

注意： 拖动鼠标的同时按住"Alt"键可镜像并复制图形元素。

双击镜像工具 ，在弹出的如图 6-20 所示的对话框中选择沿水平或垂直轴生成镜像，在"角度"（Angle）中输入角度，则沿着此倾斜角度的轴进行镜像。

此外，还可使用" "或" "工具将选定图形元素边界框上的控制节点拖过反方向，达到所需的操作。但相比较而言，使用此方法不容易达到精确的效果。

3）倾斜

使用倾斜工具 ，可以拖动对象进行倾斜操作。

图 6-20

操作详解：

（1）选取图形元素。

（2）使用倾斜工具 ![tool]在页面上单击确定倾斜的基准点（默认为图形元素的中心），如图6-21所示。

（3）围绕倾斜基准点单击拖动，显示倾斜操作的预览图形，如图6-22所示。

（4）释放鼠标完成倾斜操作，效果如图6-23所示。

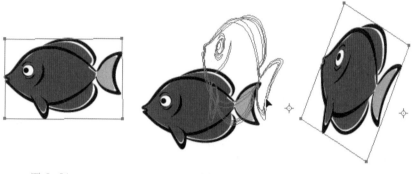

图6-21   图6-22   图6-23

注意： 拖动鼠标的同时按住Alt键可倾斜并复制图形元素。

双击倾斜工具 ![tool]，在弹出的如图6-24所示的对话框中对倾斜进行精确的设置。在"倾斜角"文本框中输入倾斜角度数，可以选择沿水平方向、垂直轴或倾斜某一角度的轴进行倾斜操作。

此外，还可以利用自由变换工具 ![tool]制作出透视效果。

提示： 插入的符号不可以直接用此工具做透视效果，而必须在"符号"面板中单击" "按钮，将符号转化为独立的矢量图形对象后方可应用。

图6-24

操作详解：

（1）选择要变形的对象。

（2）用自由变换工具 ![tool]按住对象上的控制手柄不放（按不同的控制手柄产生不同的透视结果）。

（3）同时按下Shift+Ctrl+Alt组合键，拖动控制手柄即可完成透视效果，如图6-25（左为原图，右为变形后的图）所示。

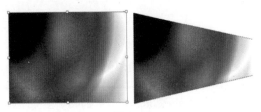

图 6-25

4）再次变形

无论使用何种基础变形方法，都可以执行"对象"|"变换"|"再次变换"命令重复上一步的变形。

操作详解：

（1）选取要变形的对象。

（2）执行"对象"|"变换"|"移动"命令，弹出"移动"对话框，如图 6-26 所示。

（3）设置图形元素水平向右位移 40 mm。

（4）单击"复制"按钮退出。

（5）生成一个复制图形元素并水平向右位移了 40mm，效果如图 6-27 所示。

图 6-26   图 6-27

（6）按住 Ctrl+D 组合键，即执行"对象"|"变换"|"再次变换"命令，效果如图 6-28 所示。

图 6-28

（7）图形元素开始重复变形。

（8）继续不断地按下 Ctrl+D 组合键，生成若干个水平相距 40mm 的相同图形元素，最终的效果如图 6-29 所示。

图 6-29

5）综合变形

如果需要对图形元素同时进行旋转、移动、缩放及镜像的操作，可以执行"对象"|"变换"|"分别变换"命令，在弹出的"分别变换"对话框中进行设置，如图 6-30 所示。选中的图形元素将横向放大 120％；垂直向上位移 100mm；逆时针方向旋转 60°；并水平镜像。

图 6-30

6.1.3 案例演示："变换"浮动面板

执行"窗口"|"变换"命令即可打开"变换"浮动面板。该面板中显示了选取对象的大小、位置、倾斜度等参数，可在相应的文本框中键入数值修改这些参数。

如图 6-31 所示，面板中显示的信息说明：所选图形元素的右上角位于坐标 X 轴 60mm，Y 轴 200mm 处；宽度为 50mm，高度为 65mm；角度和倾斜度均为 0。

图 6-31

操作详解：

（1）选取需要变换的对象。

（2）执行"窗口"|"变换"命令，打开"变换"浮动面板。在参考点 中单击左

上角的小方块选择变换基准点为参考点的左上角（默认为参考点的中心部位）。

（3）在 X，Y 文本框中分别键入 50mm，200mm。

（4）图形参考点的左上角位移到指定的坐标轴位置，如图 6-32 所示。

（5）重新设置变换基准点为参考点的右下角 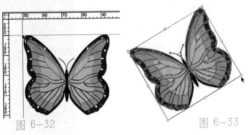，此时 X，Y 中显示数值为图形元素参考点右下角的坐标轴位置。

（6）在旋转 ⊿ 文本框中键入数值 30。图形元素以参考点的右下角为基准点，逆时针旋转 30°，效果如图 6-33 所示。

图 6-32 　　　　　　　　　　　　　　图 6-33

6.2 使用图层

6.2.1 案例演示："图层"面板

如果创建的图案比较复杂，使用已经学习过的功能调整图形元素的前后及相对位置将会是一件非常麻烦的事。而使用图层面板便不会出现这种问题，它的卓越功能可以有效地管理所绘制的图形元素。

1."图层"面板

打开 Illustrator 2020 文件 Cheshire Cat.ai，这是一个包含多个图层的文件。

执行"窗口"｜"图层"命令，即可打开图层面板。如图 6-34 所示，图层面板中显示当前文档所包含的全部图层。

单击 ❯ 按钮展开图层，可以看到每个图层又包含了多个选项，如"路径""编组""封套""复合图形""复合路径"等。再次单击 ❯ 按钮则折叠图层，隐藏这些选项。

可以看到这个图层都有不同的名称，比如 Cat head。为了查看和编辑的方便，图层的名称可以根据需要随时更改，现在试将图层 Cat head 更名为"猫头"，直接双击图层名称，输入"猫头" 猫头 后按 Enter 键即可。

或者双击图层名称前后空白部分修改，在弹出的"图层选项"对话框的"名称"（Name）文本框中键入"猫头"，如图 6-35 所示，单击"确定"按钮，这样图层名称就被更改了。

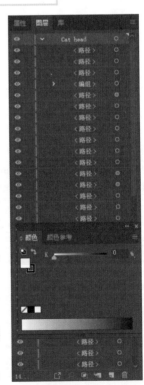

图 6-34

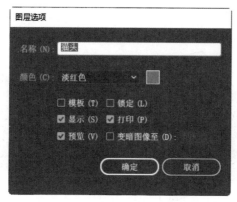

图 6-35

"图层选项"对话框中的其他选项如下。

模板：选中后，系统将把该图层创建为图层模板，此时名称前的小眼睛 图标显示
为 并被锁定。

锁定：选中后，该图层被锁定，不可编辑，图层上显示 图标。

显示：选中后，该图层包含的图形对象将被显示，否则不会显示。

打印：选中后，该图层可打印输出。

预览：选中后，可预览对象的整体效果，否则将只显示对象的轮廓线。

变淡图像至：该参数值的大小，决定了位图图像的亮度。

颜色：设置图层颜色，即选择对象时参考点的颜色。此功
能避免了图层数目较多时可能产生的混淆。

如果需要更改面板的外观，可单击面板右上角的 按钮，
在弹出菜单中选择"面板选项"命令，打开"图层选项板选项"
对话框，如图 6-36 所示。

选择"仅显示图层"，面板中将只显示图层名称，而不显
示该图层所包含的选项。在"行大
小"选项组中，可以选择图层的显
示尺寸，比如选择"小"，系统将
以小图标的形式显示图层名称和选
项名称。

在"缩览图"选项组中，可以
根据绘图的需要选择是否显示图层
的缩略图。如图 6-37 所示，当这
些复选框被选中时，面板中相对应
的图层名称前将显示出缩略图，否
则只显示图层名称。

图 6-36　　　　　　　图 6-37

2.创建图层

如图 6-38 所示，在学习图层之前，在工作页面上创建的对象都放在同一层中。当设计较复杂时，就需要创建多个图层及子图层，以便于管理。

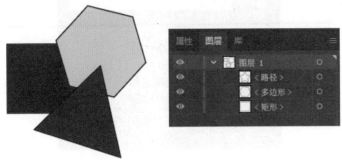

图 6-38

操作详解：

（1）单击图层面板底部的"新建图层" ![按钮] 按钮，新建一个图层"图层 2"，如图 6-39 所示。

（3）选择新建图层"图层 2"。

（4）单击"创建新建子图层"按钮，就为图层"图层 2"添加了一个子图层"图层 3"，如图 6-40 所示。

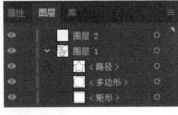

图 6-39

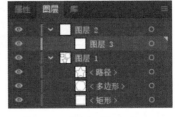

图 6-40

3.图层的显示模式

在 Illustrator 2020 中，对象的显示模式分为预览和线框模式两种。在"图层"面板中，可以分别控制每个图层的显示模式。

操作详解：

（1）选择需要转换的图层。

（2）按住 Ctrl 键，单击图层尾部的小圆 ![图标] 图标，如图 6-41 所示。

（3）图标转化为双圆图案 ![图案]，同时该图层以线框模式显示，效果如图 6-42 所示。

（4）回到步骤（2），直接单击图层前面的小眼睛 ![图标] 图标。该图层被隐藏，效果如图 6-43 所示。

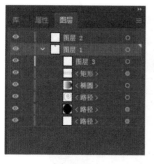

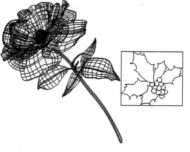

图 6-41   图 6-42   图 6-43

如果图层中含有位图图像，选择
线框模式将只显示该位图的外框形状。
如果需要在线框模式下显示位图图像，
在"文档设置"对话框如图 6-44 所示
中将"以轮廓模式显示图像"复选框
选中即可。

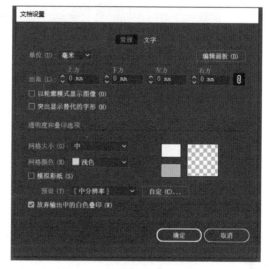

图 6-44

4. 释放、合并图层

图层之间的相互关系并不是一成不变的，可以对子图层进行释放、合并，重新组合
成新的图层。

操作详解：

（1）打开 Illustrator 2020 文件 Cheshire Cat.ai。

（2）选择一个包含子图层的图层 Cat head，如图 6-45 所示。

（3）单击图层面板右上角的 ≡ 按钮，弹出面板菜单。

（4）选择"释放到图层（顺序）"，Cat head 图层中所有的选项全部分离成子图层，
并且按创建的先后顺序排列，效果如图 6-46 所示。

（5）按住"Shift"键然后依次单击选择图层 15，16，17，执行面板菜单中的"收
集到新图层中"命令。

（6）图层 15，16，17 被集合到一个新的图层"图层 63"中，如图 6-47 所示。

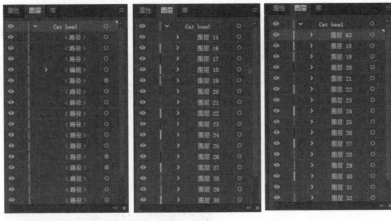

图 6-45   图 6-46   图 6-47

> **注意：** 执行"合并图层"（Merge Layer）命令可合并选择对象，但不建立新图层；执行"合并线稿"（Flatten Artwork）命令可将所有的图层合并到一起。如要合并的图层中包含隐藏对象，系统将会提示是否要丢弃或合并隐藏对象。

5. 复制与删除图层

在编辑图层的过程中，可以根据需要对图层进行删除或复制。

操作详解：

（1）选择要删除的图层，如图 6-48 所示。将其拖至图层面板底部的"删除所选图层" 🗑 按钮上。该图层和所有选项均被删除，效果如图 6-49 所示。

（2）选择要复制的图层Cat head。将其拖至图层面板底部的"创建新图层" ⬛ 按钮上，生成图层副本，包括该图层的所有选项，效果如图 6-50 所示。

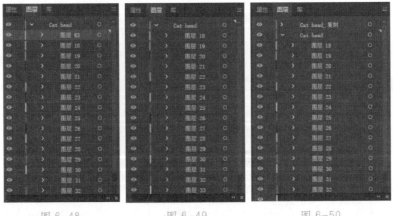

图 6-48   图 6-49   图 6-50

6. 创建图层模板

如果想根据一个已有对象绘制新的图形，比如对导入的位图进行描摹时，可以在"图层"面板中创建一个特殊的模板图层,该图层仅用于显示而不能被打印输出。现在就利用模板图层的功能来临摹路径图形。

操作详解:

(1)执行"文件"|"置入"命令置入文件"古门.jpg",并调整其大小,如图6-51所示。

(2)双击位图所在图层,在弹出的"图层选项"对话框中选择"模板",如图6-52所示。

图6-51   图6-52

(3)位图所在图层转化成为模板图层,名称前的小眼睛 👁 图标显示为 ▣,且图层为锁定状态,如图6-53所示。

(4)单击图层面板底部的"创建新图层" 🔲 按钮创建一个新图层。

(5)使用钢笔工具 ✒️ 依古门形状勾画外形轮廓并填充颜色,如图6-54所示。

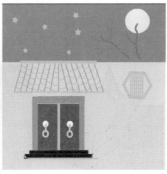

图6-53   图6-54

6.2.2 案例演示:使用图层面板绘图

本节将介绍如何使用"图层"面板绘制画稿以及一些绘制方法和技巧。使用的图例为 AI 文件 "花 .ai"。

1. 选取对象

当画稿上有太多的对象时，选取工作将是一件很麻烦的事，而使用"图层"面板可以准确而方便地选择单个或多个对象。

操作详解：

（1）打开文件"花.ai"。

（2）单击子图层"花.ai"靠右边框中的 ◎ 位置，如图 6-55 所示。

（3）图层及包括的全部选项均被选中，选择框为所指小方块的颜色，效果如图 6-56 所示。

图 6-55   图 6-56

> **注意：** 配合 Shift 和 Ctrl 键单击图层或子图层名称，可同时选取多个对象。

2. 调整对象的前后顺序

"移至顶层""移至底层"等调整对象的前后顺序的命令，利用"图层"面板也可达到同样的目的。下面就来学习这种便捷的方法。

操作详解：

（1）绘制如图 6-57 所示图形。选择五角星所在的子图层，如图 6-58 所示。

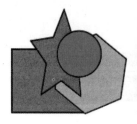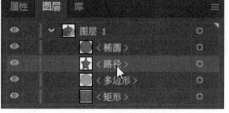

图 6-57   图 6-58

（2）将它拖动到子图层椭圆之上。

（3）视图中五角星和椭圆的前后位置发生变形，效果如图 6-59 所示。

（4）选择"五角星""椭圆""多边形"中的三个子图层。

（5）选择面板菜单右上角■按钮对应菜单中的"反相顺序"。

（6）选中图层按原来的相反顺序排列，效果如图 6-60 所示。

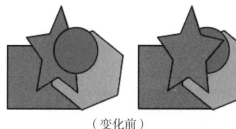
（变化前）

图 6-59

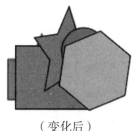
（变化后）

图 6-60

除了在同一图层中变换子图层的位置，也可以将一个图层中的子图层拖放到其他的图层中，完成对象在图层间的切换。

3.变换对象外观属性

在图层面板中，可以很轻松地在每一个图层和它们的子图层中应用"风格""效果"，或者变换对象的外观属性。如果选择的图层包含子图层选项，那么这些效果将应用到所有的图层选项中。

操作详解：

（1）仍然以图 6-57 中的图形为例。将椭圆图形图层移动到五角星图层前面，然后选取子图层"椭圆"。

（2）执行"效果"｜"扭曲和变换"｜"收缩和膨胀"命令。

（3）设置"膨胀"参数值为 50%。

（4）"椭圆"所在的图层选项发生变形，效果如图 6-61 所示。图层名称后的空心圆圈显示为实心圆◉，表示具特殊的外观属性。

（5）将"椭圆"图层面板右边的小实心圆圈◉拖到"五角星"后的圆圈上。

（6）变形应用到"五角星"所在的图层上，"椭圆"图层恢复变形以前的状态，效果如图 6-62 所示。

（7）按住 Alt 键，拖动"五角星"后的小实心圆◉到"矩形"后的小圆圈上。

（8）"五角星"的变形保留，并将变形属性复制到所选图层上，如图 6-63 所示。

图 6-61

图 6-62

图 6-63

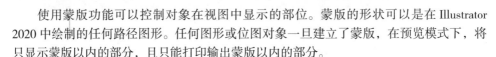

注意：以同样的方法可以将一个图层选项的填充色、样式等应用到其他图层中去。

4.锁定对象

要在"图层"面板中锁定对象，只需单击图层前面的小眼睛 🔳 图标右边的方格即可。单击后方格显示为一把小锁 🔒 ，表明图层当前处于锁定状态。图层被锁定后，将不能再对该图层中的对象执行任何操作。

6.3 案例演示：蒙版的应用

使用蒙版功能可以控制对象在视图中显示的部位。蒙版的形状可以是在 Illustrator 2020 中绘制的任何路径图形。任何图形或位图对象一旦建立了蒙版，在预览模式下，将只显示蒙版以内的部分，且只能打印输出蒙版以内的部分。

1.创建蒙版

蒙版功能可以应用在任何 Illustrator 2020 绘制的图形上，也可以是从其他应用程序生成并置入的位图及矢量图文件。下面尝试对置入的位图应用蒙版。

操作详解：

（1）置入文件 LF.tif，并使用选择工具 ▷ 调整其到合适大小，如图 6-64 所示。

（2）绘制一个扇形路径图形，并将其放置在图像之上，如图 6-65 所示。

（3）选中全部对象，执行"对象"|"剪切蒙版"|"建立"命令。

图 6-64

图 6-65

（4）完成蒙版的创建，效果如图 6-66 所示。

（5）在图层面板中的"图层1"下添加一个子图层剪切组，如图6-67所示。

图6-66　　　　　　　　　　　　　　图6-67

执行蒙版后，蒙版和蒙版对象将被群组到一起。可以通过选择工具 调整蒙版的位置，如图6-68所示。

图6-68

2.释放蒙版

选取蒙版图形，执行"对象"|"剪切蒙版"|"释放"命令即可释放蒙版。也可以在"图层"面板中选择需要释放蒙版的图层，然后单击图层面板底部的"建立/释放剪切蒙版" 按钮释放蒙版。如图6-69所示，蒙版被释放后，图形将保持原图形效果，而蒙版图形和蒙版对象也将解散群组状态。

3.透明蒙版

配合"透明度"面板，可以创建透明的蒙版效果，它可以将蒙版中填充的颜色、图案或渐变色施加到下面的图形上。

1）"透明度"面板

默认的状态下，在Illustrator 2020中创建的图形不透明度均为100%，即颜色的显示为实色。而使用"透明度"面板可以方便地改变对象的透明度。透明度面板如图6-70所示。

图6-69

注意：在使用"透明度"面板时，默认状态下，对一个对象应用透明效果时，对象的填充色和轮廓色的透明度会同时发生变化。如果要对填充和轮廓分别应用透明效果，应先在"外观"面板中单击右上角的按钮 选择"添加新填色"或"添加新描边"，如图6-71所示。

图 6-70   图 6-71

2）创建透明蒙版

透明蒙版和一般的蒙版相同，作为蒙版的图形都位于蒙版对象之上。接下来置入一张图片 LF.jpg，并对它应用透明蒙版。

操作详解：

（1）选择蒙版图形和蒙版对象，如图 6-72 所示。

（2）在"透明度"面板中单击右上角的 ▤ 按钮，在弹出菜单中选择"建立不透明蒙版"命令，如图 6-73 所示。

（3）完成透明蒙版的创建，效果如图 6-74 所示。

图 6-72   图 6-73

注意： 如图 6-75 所示，单击"透明度"面板两个缩略图之间的 ⛓ 图标，可解除蒙版图形和蒙版对象之间的链接，再次单击则恢复链接。

图 6-74　　　　　　　　　　　　　图 6-75

3）释放透明蒙版

选取蒙版图形，在"透明度"面板中单击右上角的 ▤ 按钮，在弹出菜单中选择"释放不透明蒙版"命令即可释放透明蒙版。

4. 使用"链接"面板

在前面章节的实例练习中已多次运用到了图片的置入，接下来详细讲解如何使用"链接"面板对置入的图片进行管理。

执行"窗口" | "链接"命令，即可打开"链接"面板。所有的链接或置入到文件中的图像都会显示在"链接"面板中，可以通过该面板识别、选择、监控、更新链接文件。现在以置入一个文件为例，引导读者在具体操作中掌握"链接"面板的使用。

操作详解：

（1）执行"文件" | "置入"命令，弹出"置入"对话框，如图 6-76 所示。

（2）单击"链接"复选框使之处于选中状态。

（3）选择文件 LF1.tif。

（4）单击"置入"按钮。

（5）在页面空白位置单击鼠标左键，图像就被置入到页面中，再用选择工具 ▶ 调整其大小。

（6）执行"窗口" | "链接"命令打开"链接"面板。面板中显示置入的文件名称，如图 6-77 所示。

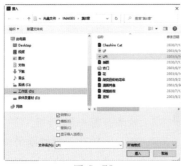

图 6-76　　　　　　　　　　　　图 6-77

（7）双击面板中的缩略图，查看该链接对象的所有信息，如图 6-78 所示。

（8）在图像处理软件中（如 Photoshop）对 LF1.tif 进行编辑，并存盘将原文件覆盖。

（9）回到 Illustrator 2020，系统弹出对话框询问是否更新文件。

（10）单击"是"按钮。

（11）原置入的图片被更新。

> **注意**：也可以单击转至链接 🔲 按钮对文件进行更新。

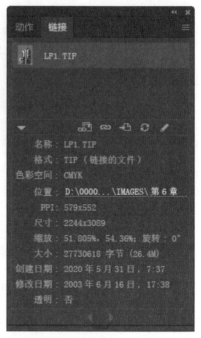

图 6-78

（12）在"链接"面板中选取链接对象 LF1.tif，单击重新链接 🔗 按钮弹出"置入"对话框。

（13）选取光盘文件 LF.tif，并单击"置入"按钮确定。

（14）页面中的文件 LF1.tif 被替换成了文件 LF.tif，图像的位置保持不变。

6.4 变形图形

6.4.1 案例演示：变形工具组的应用

在 Illustrator 2020 工具箱的变形工具组中，从上到下分别如下。

宽度工具 🖌️：对加宽绘制的路径描边，并调整为各种多变的形状效果。

变形工具 🖌️：进行扭曲操作。

旋转扭曲工具 🖌️：将对象进行扭曲变形。

缩拢工具 🖌️：将对象进行折叠变形。

膨胀工具 🖌️：将对象进行膨胀变形。

扇贝工具 🖌️：将对象进行扇形扭曲变形。

晶格化工具 🖌️：将对象进行晶格化变形。

皱褶工具 🖌️：将对象进行皱褶变形。

只需简单地在选定图形元素上拖动鼠标，就可以得到意想不到的扭曲和变形效果。

1. 使用旋转扭曲工具

使用旋转扭曲工具 🖌️，可以使整个图形对象的形状发生扭曲变形。

> **操作详解：**

（1）选择需要变形的对象。

（2）单击旋转扭曲工具 🖌️，在对象上拖动鼠标，如图 6-79 所示。

（3）释放鼠标，对象发生扭曲变形，效果如图 6-80 所示。

2. 液化工具的使用和设置

液化工具的使用和旋转扭曲工具 🖌️ 一

样，只需在选定图形元素上拖动鼠标即可，所不同的是，操作时光标显示为一空心圆圈，其大小即为变形工具作用区域大小，相当于一个起液化作用的"画笔"，只有在画笔范围之内的图形部分才发生液化。

双击各个液化工具，就可以弹出各工具相对应的参数设置对话框，如图6-81所示。由于每个工具大部分的选项和参数都是相同或类似的，所以此处仅例举变形工具 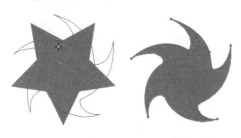 的参数设置，其余的工具就不一一罗列了。

图 6-79   图 6-80

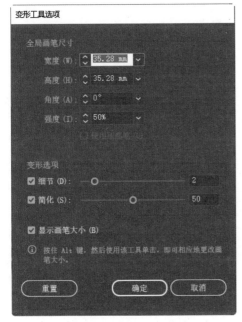

图 6-81

宽度/高度：画笔的大小。
角度：画笔的角度。

强度：画笔的强度。
使用压感笔：此选项需安装了压感笔才有用。
细节：变形细节。数值越大处理结果越细腻，数值越小处理越粗糙。
简化：简化程度。数值越大变形过程中产生的节点越少，图形越简单。
显示画笔大小：显示画笔大小。

3. 液化工具的变形效果

1）变形工具
采用手指涂抹的方式对选定对象进行变形处理，从而得到有趣的效果。图6-82所示是对一个火焰图形涂抹而产生的熊熊大火的效果。

2）旋转扭曲
对图形做旋转扭曲变形。图6-83所示是对图形做旋转扭曲变形产生的效果。

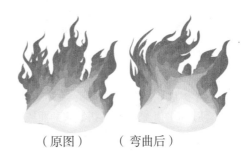

（原图）   （弯曲后）

图 6-82

（原图）   （旋转扭曲后）

图 6-83

3）缩拢工具
对图形做挤压变形。图6-84所示的是对中心做收缩变形产生的效果。

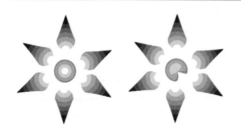

（原图）　　　　（折叠后）

图 6-84

（原图）　　　（变形后）

图 6-86

4）膨胀工具

使选中图形做扩张膨胀变形。图 6-85 所示的是在一个齿轮图形的中心做膨胀变形产生的效果。

（原图）　　　（膨胀后）

图 6-85

5）扇贝工具

使选中图形产生细小褶皱状的曲线变形。图 6-86 所示的是对一片树叶的边缘做扇贝变形后的结果。

6）晶格化工具

使选中图形产生细小的尖角和凸起。图 6-87 所示的是对树叶做晶格化变形后的结果。

（原图）　　　（变形后）

图 6-87

7）皱褶工具

使选中图形产生局部碎化变形效果。图 6-88 所示的是对葵花做皱褶变形前后的对比。

（原图）　　　（变形后）

图 6-88

6.4.2 案例演示："扭曲"变形

除了使用变形工具对图形元素进行变形，"效果"菜单下的"扭曲和变换"系列也可以进行功能强大而形式多样的变形操作。

使用"效果"菜单下的"扭曲和变换"系列命令进行变形时，对象本身结构并未发生变化，也不影响到节点，只是对象外观属性改变，并且所做的变形操作都将记录在"外观"面板中，随时可以将对象恢复到变形前的状态。

1.使用"外观"面板

执行"窗口"|"外观"命令即可打开"外观"浮动面板,该面板中按顺序记录了对图形元素外观进行的操作,常见的外观属性有"填色"、"描边"、"默认透明度"及"效果"菜单下的命令效果。可以根据需要灵活地复制、删除外观,改变外观属性的顺序,或者继承到下一个新对象上。下面举例说明如何使用"外观"面板。

操作详解:

(1)选取一个填充色为大红,边线为黑的图形元素,如图6-89所示。

(2)执行"窗口"|"外观"命令,打开"外观"浮动面板,如图6-90所示。

图 6-89　　　　　　　　　　　图 6-90

(3)面板中显示了选中对象的填充、边线等外观信息。

(4)拖动"填色"外观到"删除所选项目"⬛ 按钮处将其删除。

(5)面板上的填充属性变为无填充,所选图形元素的填充色亦同时发生变化。

(6)将变化后的外观拖到"复制所选项目"⬛ 按钮处,复制出一个新的"填色"外观,外观面板如图6-91所示。

(7)分别选中两个"填色"外观,在"颜色"面板中分别调配为浅黄和橘黄色。

(8)图形元素被填色,且填色与排列在前面的"填色"外观所设的颜色一样,为浅黄色,效果如图6-93所示。

图 6-91　　　　　　　　　　　图 6-92

(9)单击并拖动浅黄色的"填色"外观到橘黄色"填色"外观之后。

(10)图形元素的填充产生相应的变化,也变成橘黄色,效果如图6-93所示。

(11)执行"效果"|"扭曲和变换"|"自由扭曲" 命令。

（12）图形元素发生变形，且面板上添加新的外观属性。

（13）绘制一个星形，新绘制的图形继承了当前的外观属性，效果如图 6-94 所示。

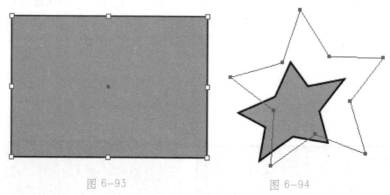

图 6-93   图 6-94

（14）单击外观面板上的复制所选项目 按钮再绘制一个图形，图形外观不发生继承，如图 6-95 所示。

（15）选中步骤（13）中所绘制的星形，在面板中单击清除外观 按钮，其外观属性恢复到初始状态，效果如图 6-96 所示。

（16）在工具箱的填充工具组单击 按钮，所选图形的填充和边线都变为空。

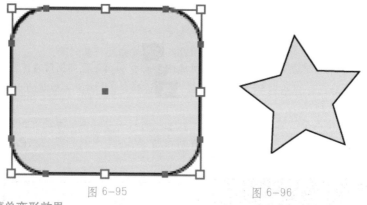

图 6-95   图 6-96

2. 菜单变形效果

大致了解了菜单变形命令后，再来具体看一下这些变形效果。

1）自由扭曲

此命令是通过拉伸边界控制点进行整体自由变形。

操作详解：

（1）选取要编辑的对象，如图 6-97 所示。

（2）执行"效果"｜"扭曲和变换"｜"自由扭曲"命令，弹出"自由扭曲"对话框。

（3）在对话框中任意拖动四角的控制点进行整体自由变形，如图 6-98 所示。

（4）单击"确定"按钮，所选对象发生变形，效果如图 6-99 所示。

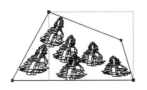

图 6-97　　　　　　　　　图 6-98　　　　　　　　　图 6-99

注意： 若不满意预览的变形效果，可单击"重设"（Reset）键将控制方框恢复到初始状态重新操作。

2）收缩和膨胀

使选定对象发生内凹陷或外膨胀变形。

操作详解：

（1）选取要变形的对象，如图 6-100 所示。

（2）执行"效果"｜"扭曲和变换"｜"收缩和膨胀"命令，弹出"收缩和膨胀"对话框，如图 6-101 所示。

图 6-100　　　　　　　　　　　　　图 6-101

（3）选中"预览"复选框进行预览，在文本框中输入数值 100。

（4）对象发生"膨胀"变形，效果如图 6-102 所示。

（5）在文本框中输入数值100，对象发生"收缩"变形，效果如图 6-103 所示。

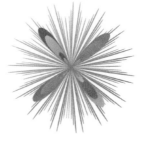

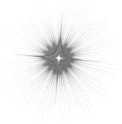

图 6-102　　　　　　　　　图 6-103

注意：

3）粗糙化
使选定对象产生粗糙变形效果。

操作详解：

（1）选取要变形的对象，如图 6-104 所示。

（2）执行"效果"|"扭曲和变换"|"粗糙化"命令，弹出"粗造化"对话框，如图 6-105 所示。

（3）设置变形参数。

大小：确定粗糙程度。

相对／绝对：变形程度为相对还是绝对。

细节：每英寸上节点数量。

平滑／尖锐：在变形时使对象的边界圆滑或尖锐。

（4）单击"确定"按钮，对象发生粗糙变形，效果如图 6-106 所示。

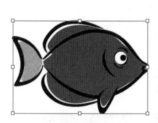 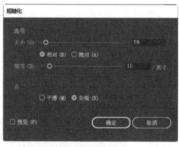 

图 6-104 图 6-105 图 6-106

4）扭拧
使选取对象的节点偏离原位，发生扭拧变形。

操作详解：

（1）选取要变形的对象，如图 6-107 所示。

（2）执行"效果"|"扭曲和变换"|"扭拧"命令，弹出"扭拧"对话框，如图 6-108 所示。

（3）设置变形参数。

水平／垂直：设置水平／垂直方向上的变形程度。

锚点：表示变形时可以移动节点。如不选此项则节点固定。

"导入"控制点：控制节点向路径内部移动。

"导出"控制点：控制节点向路径外部移动。

（4）对象发生扭拧变形，效果如图 6-109 所示。

图 6-107   图 6-108   图 6-109

5）扭转

使选定对象发生旋转扭曲的变形效果。

操作详解：

（1）选取要变形的对象，如图 6-110 所示。

（2）执行"滤镜"｜"扭曲"｜"扭转"命令，弹出对话框如图 6-111 所示。

（3）输入扭转角度（正值为顺时针，负值为逆时针旋转）。

（4）对象发生旋转扭曲变形，效果如图 6-112 所示。

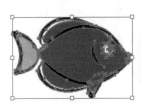

图 6-110   图 6-111   图 6-112

6）波纹效果

将选取对象边缘锯齿化或波浪化，形成锯齿效果。

操作详解：

（1）选取要变形的对象，如图 6-113 所示。

（2）执行"效果"｜"扭曲和变换"｜"波纹效果"命令，弹出"波纹效果"对话框，如图 6-114 所示。

（3）设置变形参数。

大小：设置锯齿程度，数值越大锯齿越明显。

每段的隆起数：每英寸上突起节点数目，即锯齿数量的多少。

平滑／尖锐：形成圆滑或尖锐的锯齿状效果。

（4）选中"预览"复选框，对象产生锯齿状变形，效果如图 6-115 所示。

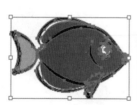
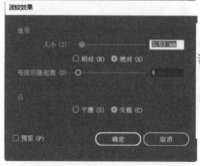

图 6-113   图 6-114   图 6-115

6.4.3　案例演示：封套变形

使用封套的效果，如同将所选对象放进一个容器中，并产生变形。可以创建不同形状的封套类型，将其应用到对象。封套可应用于任何对象。

1. 创建封套

除了一些固定的封套类型，还可以创建网格状封套以及自定义图形封套。

1）创建固定封套

操作详解：

（1）选择要添加封套的图形，如图 6-116 所示。

（2）执行"对象"|"封套扭曲"|"用变形建立"命令，弹出"变形选项"对话框，如图 6-117 所示。

（3）单击"预览"进行预览，并设置变形参数。

样式：选择封套类型。

水平 / 垂直：确定封套方向为水平 / 垂直。

弯曲：设置弯曲程度。

水平：设置水平方向的变形程度。

垂直：设置垂直方向的变形程度。

（4）所选图形发生封套变形，效果

如图 6-118 所示。

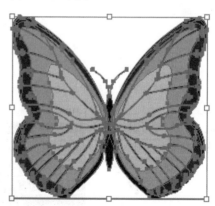

图 6-116

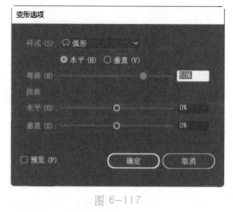

图 6-117

图 6-118

2）创建网格封套

操作详解：

（1）选择要添加封套的图形，如图 6-119 所示。

（2）执行"对象"|"封套扭曲"|"用网格建立"命令，弹出"封套网格"对话框，如图 6-120 所示。

（3）设置网格的行数和栏数。

（4）单击"确定"按钮。

（5）在对象上创建出网格封套，效果如图 6-121 所示。

图 6-119

图 6-120

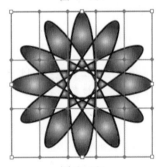

图 6-121

注意：使用网格工具 🔲 单击网格封套图形，可添加网格线；同时按住 Alt 键则可删除网格线。

3）创建自定义封套

操作详解：

（1）选取要添加封套的对象和位于它之上的星形图形元素，如图 6-122 所示。

（2）执行"对象"|"封套扭曲"|"用顶层对象建立"命令。

（3）创建一个星形封套图形，效果如图 6-123 所示。

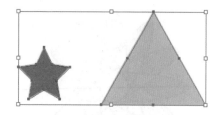

图 6-122

图 6-123

2.编辑封套

对于创建的封套图形,可以对封套进行编辑,也可编辑封套的路径图形。

操作详解:

（1）选择一个封套图形,如图 6-124 所示。

（2）使用选择工具 或网格工具 编辑网格路径改变封套形状,如图 6-125 所示。

（3）执行"对象"|"封套扭曲"|"编辑内容"封套扭曲命令,显示出图形对象原来的路径,如图 6-126 所示。

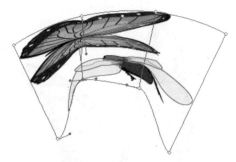

图 6-125

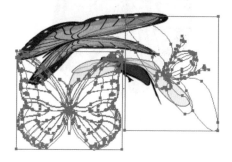

图 6-126

（4）使用选择工具 拖动原有图形的路径节点,即可加以变化。

除此以外,执行"对象"|"封套扭曲"|"用变形重置"或"对象"|"封套扭曲"|"用网格重置"命令,还可以重新设置封套类型或网格数。可根据所学内容自行练习。

3.释放封套

当不需要封套变形时,可将封套图形的封套移去,使图形恢复到变形前的状态。

操作详解:

（1）选取一个封套图形,如图 6-127 所示。

（2）执行"对象"|"封套扭曲"|"释放"命令。

（3）封套被释放成两个图形,一个为原图,另一个为创建封套的图形,效果如图 6-128 所示。

图 6-124

图 6-127

图 6-128

6.5 运用符号图形

6.5.1 案例演示：符号面板的应用

符号面板里储存了所有可以调用的符号色板，并包含了很多符号的放置、新建、替换、中断链接、删除等管理功能。

执行"窗口"|"符号"命令，便可打开"符号"面板。单击右上角的 ☰ 按钮可弹出相关的菜单，如图 6-129 所示。

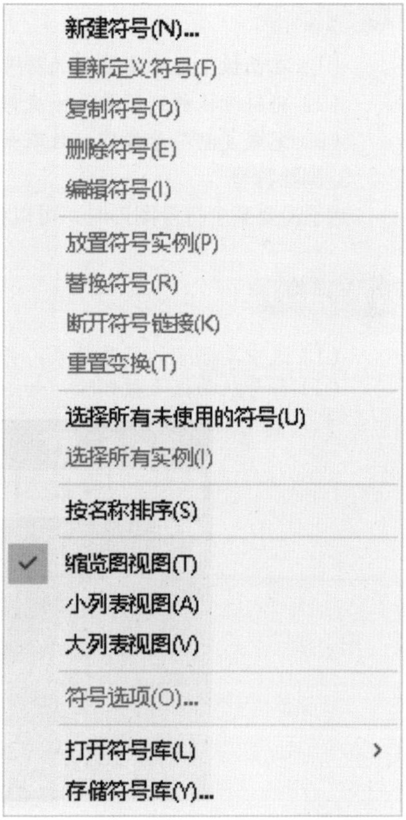

1.创建符号

除了系统原有的符号，也可以创建自己的符号。用于创建符号的图形可以是使用 Illustrator 2020 绘制的任何对象。

操作详解：

（1）选中要创建的图形。

（2）单击符号面板底部的新建符号 □ 按钮，在打开的"符号选项"对话框中设置好各项参数，然后单击"确定"按钮。

（3）图形添加到"符号"面板中，如图 6-130 所示。

新建符号(N)...
重新定义符号(F)
复制符号(D)
删除符号(E)
编辑符号(I)
放置符号实例(P)
替换符号(R)
断开符号链接(K)
重置变换(T)
选择所有未使用的符号(U)
选择所有实例(I)
按名称排序(S)
✓ 缩览图视图(T)
小列表视图(A)
大列表视图(V)
符号选项(O)...
打开符号库(L) ＞
存储符号库(Y)...

图 6-129

图 6-130

2. 复制符号

可以在"符号"面板中复制符号对象。

操作详解：

（1）在面板中选中要复制的符号对象。

（2）将符号拖放到符号面板底部的新建符号 🔳 按钮上。

（3）完成复制符号操作，效果如图 6-131 所示。

3. 删除符号

当不需要某个符号图形时，可以将其删除。

操作详解：

（1）选中要删除的符号对象，并将其拖放到符号面板底部的删除符号 🔳 按钮上。

（2）符号从面板上被删除，如图 6-132 所示。

图 6-131   图 6-132

4.置入单个符号色板

将面板上的符号图形置入到视图中。

操作详解:

（1）在面板中选择要置入的符号色板。

（2）单击符号面板底部的"置入符号实例" ↳ 按钮，符号图形就被置入到页面的中央，如图 6-133 所示。

图 6-133

注意: 也可以用鼠标将符号从面板上拖到页面上需要的位置。

5.替换符号

当在页面域已有一个符号图形或符号集合时，也可以用别的符号替换它。

操作详解:

（1）在页面中选择要替换的符号图形对象，如图 6-134 所示。

（2）在"符号"面板中双击需要替换进来的符号。

（3）页面中的符号被替换，效果如图 6-135 所示。

图 6-134

图 6-135

6.修改并重定义符号色板

对于视图中置入的符号色板，可以编辑并定义为新的符号色板。

操作详解:

（1）在视图中选择符号图形对象，如图 6-136 所示。

（2）单击断开符号链接 按钮，取消符号图形和面板的联系。

（3）符号变为可编辑的图形。

（4）将小鱼填充为浅蓝色，效果如图 6-137 所示。

（5）选中修改好的符号，单击选择符号面板右侧的 按钮，在弹出菜单中选择"重新定义符号"命令。

(6)面板上原来的符号被修改过的图形所替代。如图 6-138 所示是原符号，如图 6-139 所示是修改过的符号。

图 6-136

图 6-137

图 6-138

图 6-139

6.5.2 案例演示：使用符号工具

按住符号组工具不放，便会弹出符号工具组，如图 6-140 所示。从上到下依次为：符号喷枪工具、符号移位器工具、符号紧缩器工具、符号缩放器工具、符号旋转器工具、符号着色器工具、符号滤色器工具和符号样式器工具。下面具体看一看这 8 个工具的选项、配置和使用方法。

1. 符号喷枪工具

符号喷枪工具用于在视图中创建符号图形，并可在已有的符号组中添加更多的符号色板。

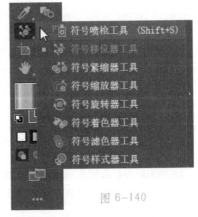
图 6-140

操作详解：

（1）在"符号"面板中选择一个符号（第一次使用符号面板，可以单击面板底部最左边的"符号库菜单" 📖 按钮添加符号到面板中）。

（2）使用符号喷枪工具 🔳 在页面单击，创建出一个单独的符号图形，如图6-141所示。

（3）在视图上不断单击鼠标，创建出一组符号图形，效果如图 6-142 所示。

图 6-141   图 6-142

也可以在一个已经存在的符号集合里添加额外的符号。

操作详解：

（1）选取页面存在的符号集，如图 6-143 所示。

（2）在"符号"面板里选择所需符号。

（3）使用符号喷枪工具 🔳 在页面符号集选区内单击鼠标，所选符号被添加到的原有的符号集中，效果如图 6-144 所示。

图 6-143   图 6-144

如果需要减少已绘制的符号，则按如下操作步骤进行：

（1）选取页面上存在的符号集，如图 6-145 所示。

（2）选择符号喷枪工具 同时按下 Alt 键，用鼠标单击要减少的符号图形，符号就被删除了，效果如图 6-146 所示。

图 6-145　　　　　　　　　　图 6-146

用符号喷枪工具 建立的符号集，由于所绘符号都是来自同一个对象，所以集里面符号的大小、方向都是一致的。这显然不能满足绘图的需要，就需要对集里的符号进行单独的编辑。

操作详解：

（1）选择需编辑的符号集，如图 6-146 所示的符号集。

（2）执行"对象"｜"扩展"，在打开的"扩展"对话框中进行设置后单击"确定"按钮，如图 6-147 所示。

（3）符号集被展开，效果如图 6-148 所示。

（4）使用编组选择工具 就可以选取单个图形元素来加以操作。

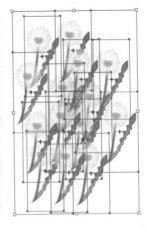

图 6-147　　　　　　　　　　图 6-148

双击符号喷枪工具 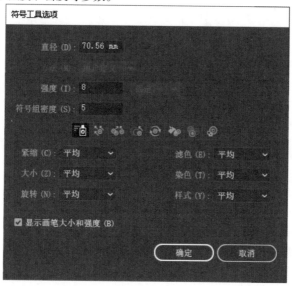，弹出"符号工具选项"对话框，如图6-149所示。可在其中置入符号的直径、强度、密度等参数。

图 6-149

直径：定义了符号工具的画笔直径大小。大的画笔可以在使用符号修改工具时，选择更多的符号。

强度：符号变化的比率，即符号绘制时的强度，数值越高，符号绘制的速度越快。

符号设置密度：决定符号的密度，该选项可在绘制前设置，同时也可对现有的符号进行调整。

此3项设置为8个符号工具所共有。此外，对话框下半部分的6个下拉选框分别与后面6个符号工具相对应。

用户定义：在画笔范围内逐渐地、明显地作用于符号图形。

平均：非常平滑、缓慢地作用于符号图形。

随机：在画笔范围内随机地改变符号图形。

除非有特殊的需要，在一般情况下，建议使用"用户定义"，这也是系统默认值，它可以很好地处理符号图形。

2. 符号移位器工具

符号移位器工具用于调整符号的位置。

操作详解：

（1）选择需调整的符号集。

（2）单击符号移位器工具，将鼠标放到需移动的符号对象上，如图6-150所示为移动前的对象形状。

（3）单击并拖动鼠标。

（4）画笔范围内的符号位置改变，如图 6-151 所示为移动后的对象形状。

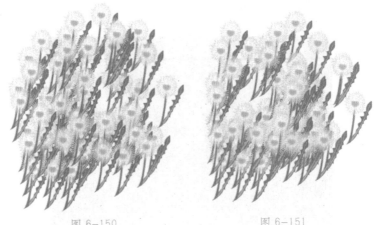

图 6-150　　　　　　　　　　　图 6-151

3. 符号紧缩器工具

使用符号紧缩器工具 可以调整符号集中符号的密度，即可将符号集中所有的符号聚集到一起，又可将聚集在一起的符号展开。

操作详解：

（1）选择要调整的符号集。

（2）单击符号紧缩器工具，将鼠标放置于符号集上，如图 6-152 所示。

（3）单击并拖动鼠标。

（4）符号集内的符号聚集在一起，效果如图 6-153 所示。

（5）按住 Alt 键，单击并拖动鼠标。符号集内的符号以单击点为中心向外扩散，效果如图 6-154 所示。

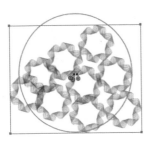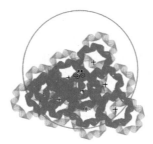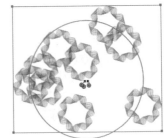

图 6-152　　　　　　　图 6-153　　　　　　　图 6-154

4. 符号缩放器工具

使用符号缩放器工具 可以对当前符号集中的符号进行放大或缩小。

操作详解：

（1）选择要调整的符号集。

（2）单击符号缩放器工具 ，将鼠标置到符号上，如图6-155所示。

（3）拖动鼠标，画笔经过范围的符号被放大，效果如图6-156所示。

（4）按住Alt键，拖动鼠标，画笔经过范围的符号被缩小，效果如图6-157所示。

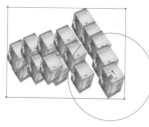
图6-155

图6-156

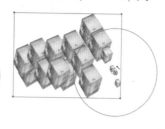
图6-157

5. 符号旋转器工具

使用符号旋转器工具 可以对符号集中的符号进行旋转。

操作详解：

（1）选择要调整的符号集。

（2）单击符号旋转器工具 ，将鼠标置到要旋转的符号上，如图6-158所示。

（3）拖动鼠标，显示方向箭头，如图6-159所示。

（4）所选符号朝方向箭头指示方向旋转，效果如图6-160所示。

图6-158

图6-159

图6-160

6. 符号着色器工具

使用符号着色器工具 可以改变图形的色相，但保持原始图形的明暗度。需要注意的是，它对黑白的符号不起作用。

操作详解：

（1）在"颜色"面板中设置所需颜色，如黄色。

（2）选择要着色的符号集。

（3）单击符号着色器工具 ，将鼠标置到需改变颜色符号上。

（4）单击或单击拖动鼠标，如图6-161所示。

（5）符号色彩发生变化，效果如图6-162所示。

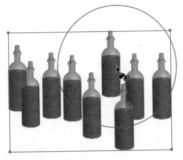

图 6-161   图 6-162

注意： 如要恢复符号的颜色，按住 Alt 键并拖动鼠标或单击要恢复的符号即可。

7. 符号滤色器工具

使用符号滤色器工具 可以调整符号的透明度。

操作详解：

（1）选择要改变透明度的符号集。

（2）单击符号滤色器工具 ，将鼠标放置在需改变的符号上。

（3）单击并拖动鼠标，如图6-163所示。符号的透明度发生变化，效果如图6-164所示。使用鼠标单击某个符号，可单独改变其透明度。

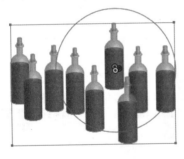

图 6-163   图 6-164

注意： 如要减少符号的透明度，按住 Alt 键并拖动或单击鼠标即可。

8. 符号样式器工具

使用符号样式器工具 可以为符号添加不同效果的风格。

操作详解：

（1）选择需添加风格的符号集。

（2）执行"窗口"|"图形样式"命令，打开"图形样式"面板，如图6-165所示。

（3）在面板中选取一种风格。

（4）单击符号样式器工具按钮，将鼠标放置在需添加风格的符号上。

（5）单击或拖动鼠标，如图6-166所示。为符号添加所选风格，效果如图6-167所示。

图 6-165

图 6-166

图 6-167

注意： 按住 Alt 键拖动鼠标，可将风格化的符号恢复到原状。

6.5.3　符号库的使用

除了前面使用的"符号"面板，Illustrator 2020 还提供了其他几个现成的符号库，选择"窗口"|"符号库"，在下拉菜单中就可以看见这些符号库，如图 6-168 所示。比如选择"自然"和"花朵"，Illustrator 2020 就会打开相应的符号库面板。

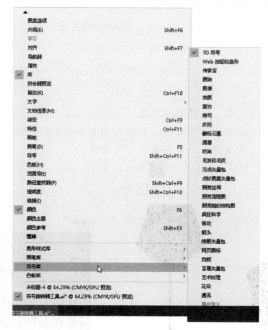
图 6-168

只要选择其中的符号，符号面板中就会加上这个符号，使用起来就十分方便了。

6.6 操作提示——变形工具组的应用范围

变形工具组几乎可以应用于所有的对象，但有如下几点必须注意：

（1）文本（包括文本和其他对象的群组）不能直接应用变形效果。如果要使用，必须先将文本转化成曲线（使用"文字"|"建立轮廓"命令）。但是对文本应用封套后（见封套变形一节），可以直接应用变形效果。

（2）喷洒的符号不能直接应用变形效果。需先断开符号链接（在符号面板中单击"断开符号链接"  按钮），将符号转化为独立的矢量图形对象。

（3）不能直接应用变形效果到已经应用了变形效果的对象。

（4）不能应用变形效果到图表对象。

6.7 实例演练

6.7.1 绘制足球图形

本例说明：制作足球图形。

训练目的：熟练运用变形知识，进一步掌握蒙版的各项功能。

1. 绘制足球图形

操作详解：

（1）绘制一个正五边形，并填充为黑色，如图 6-169 所示。

（2）在正五边形下面添加一根直线，长度约为五边形长的两倍。使两个图形对齐。

（3）将两个图形元素编组，效果如图 6-170 所示。

（4）按住 Alt 键，并使用旋转工具 在线端单击，弹出"旋转"对话框，如图 6-171 所示。

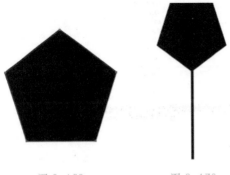

图 6-169 图 6-170 图 6-171

（5）设旋转角度为 72°。

（6）单击"复制"按钮。

（7）复制图形元素，并以单击点为基准逆时针旋转72°。

（8）连续按住Ctrl+D组合键，产生效果如图6-172所示。

（9）在图形中间添加一个相同大小的正五边形，使每个角正好位于延伸出的五条直线上，如图6-173所示。

（10）在图形上添加直线段，并将所有元素编组，如图6-174所示。

图6-172　　　　　　　图6-173　　　　　　　图6-174

（11）在图形的斜上方绘制一个正圆形，如图6-175所示。

（12）单击"对象"｜"封套扭曲"｜"封套选项"，然后在弹出的"封套选项"对话框中设"保真度"为0，如图6-176所示。

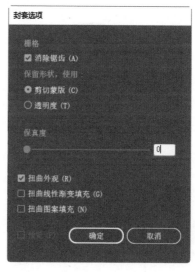

图6-175　　　　　　　　　　　　　　　图6-176

（13）选取全部图形，执行"对象"｜"封套扭曲"｜"用变形建立"命令，在"变形选项"的样式下拉列表中选择"鱼眼"项添加鱼眼形封套变形，然后单击"确定"按钮，设置如图6-177所示。

（14）调整网格节点，夸大变形，使球体有明显的突出感。

（15）执行"对象"｜"封套扭曲"｜"扩展"命令，将变形展开。

（16）删除外面的圆形对象，效果如图6-178所示。

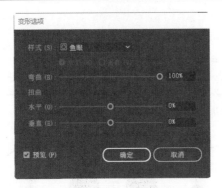

图 6-177　　　　　　　　　　图 6-178

（17）绘制一个正圆作为足球的轮廓，并放至合适位置。

注意：作为蒙版的圆形必须在其他图形之上。

（18）选取全部图形元素，执行"对象"|"剪切蒙版"|"建立"命令建立蒙版图形，并加以调整，效果如图 6-179 所示。

（19）使用选择工具 选取足球的轮廓路径，填充白色到 65% 灰度的圆形渐变，制作出立体效果。

（20）将所有元素编组，完成足球的绘制，效果如图 6-180 所示。

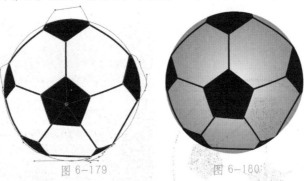

图 6-179　　　　　　　　　图 6-180

2. 绘制背景和阴影

操作详解：

（1）绘制一个深绿色椭圆作为背景。

（2）绘制一个较小的椭圆作为阴影的基础，填充为复合的黑色，如图 6-181 所示。

（3）执行"效果"|"模糊"|"高斯模糊"命令，弹出对话框如图 6-182 所示。

（4）设置模糊半径为 15。

（5）单击"确定"按钮完成阴影的制作。

3. 组合元素

使用选择工具 将所有的元素以合适的位置摆放好，完成整个绘制过程，最终的效果如图 6-183 所示。

图 6-181　　　　　　　　　图 6-182　　　　　　　　　图 6-183

6.7.2　插图绘制

本例说明：绘制一幅插图。

训练目的：熟悉"收缩和膨胀"效果与蒙版的使用，绘图过程中使用的女孩子头像来自 Girl.png（该图形应用了透明效果）。

操作详解：

（1）建立一个新文件，文件名为"插图"。

（2）绘制一个正五边形，如图 6-184 所示。

（3）执行"效果"｜"扭曲和变换"｜"收缩和膨胀"命令将正五边形变形，产生花朵的轮廓。具体设置如图 6-185 所示。

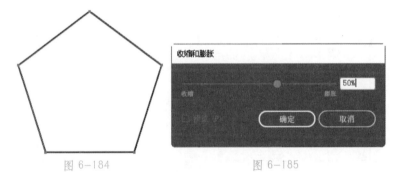

图 6-184　　　　　　　　　　　　图 6-185

（4）将花朵填充为粉红到白色的圆形渐变，并添加明黄色圆形花心，效果如图 6-186所示。

（5）将在步骤（4）中生成的花朵放在页面外的空白处备用。

（6）复制多个花朵，将渐变色调整为较浅的粉红。调整它们的大小和方向，使之铺满并超出整个页面范围。

（7）绘制一个页面大小的矩形作为蒙版图形。

（8）选取全部对象，执行"对象"｜"蒙版"｜"制作"命令完成背景的制作，效果如图 6-187 所示。

图 6-186　　　　　　　　　图 6-187

（9）建立一个名为 girl 的空白图层，将 Girl.png 置入页面，并放置到合适的位置，如图 6-188 所示。

（10）在 girl 图层下建立一个新图层"花"。

（11）将在步骤（5）中备份的小花复制 4 朵到新图层"花"上，并放于合适的位置。

（12）建立新图层"文字"，键入"待到明年花开时……"，并将其颜色值设为 4B0568。

（13）将文字放于合适的位置，完成整个绘制过程，最终的效果如图 6-189 所示。

图 6-188　　　　　　　　　图 6-189

6.8 本章回顾

变形工具组是 Illustrator 2020 重要的使图形产生变换的工具组，在学习和实践中多多尝试，常会得到意想不到的图形效果。

"符号工具"的最大特点是可以方便、快捷地生成很多相似的图形实例。此外，还可以通过符号工具组快速、灵活地调整和修饰符号图形的大小、距离、色彩、样式等。

第 7 章

图形添加特效

本章主要内容与学习目的

- 了解矢量效果
- 了解位图效果
- 了解效果菜单的使用

7.1 案例演示：转化矢量图形

为了增强设计的艺术表现力，Illustrator 2020 提供了强大的"效果"特效菜单功能。由于其中的一些效果只对位图起作用，所以当需要应用这些特效功能时，必须将矢量图转化为位图。

操作详解：

（1）置入"古门.jpg"文件，选取需要转化的矢量图，如图 7-1 所示。

（2）选取全部图形元素，并将它们编组。

（3）执行"对象"｜"栅格化"命令，弹出"栅格化"对话框，如图 7-2 所示。

图 7-1　　　　　　　　　　　　　图 7-2

（4）选择图像色彩模式。

（5）在"分辨率"项中定义图像的分辨率。

> **注意：** 如果用于印刷，分辨率需选择 300dpi 以上。

（6）设置背景色为白色（透明）。

（7）设置字体品质（输入质量）。

（8）设置消除锯齿项。

（9）单击"确定"按钮，矢量图转化成了位图，此时就可以应用特效功能了。

> **注意：** 在"选项"对话框中如果选取"创建蒙版"（Create Clipping Mask）复选框，生成的图像将包含一个蒙版，该蒙版和图像自动编组。

7.2 "效果"菜单的特效应用

从前面的章节中已经知道"效果"菜单下的各项命令并不改变对象本身，而只改变对象的外观属性。在使用过程中，会发现"效果"菜单中的大部分功能与其他菜单或面板中的功能相同，并具有一样的名称，比如"扭曲""路径查找器"等。虽然如此，但只有"效果"菜单中的命令具有可编辑性。无论选择对象应用了多少特效，都可随时在"外观"面板中对这些特效进行编辑和调整，而不改变对象原来的属性。不过，大多数命令需将文档设为 RGB 模式才可使用。

关于"变形"子菜单，其功能与在第 6 章的"6.4 变形图形"一节讲述的大同小异，读者可自行加以练习，在本章就不做过多的讲解了。

7.2.1 案例演示：风格化（S）

在"风格化"（S）子菜单中，可以为选择的矢量图添加内发光、圆角、外发光、投影、涂抹和羽化特效。所有的特效既可应用于图形也可应用于图像。

图 7-3 所示的是对一朵矢量的小花分别应用不同的风格化特效后所产生的效果。

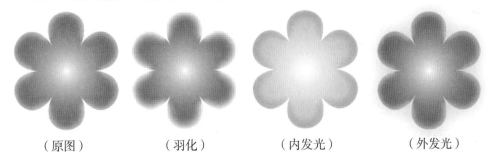

（原图）　　　　　（羽化）　　　　　（内发光）　　　　　（外发光）

图 7-3

特效的"投影"和"圆角"效果。

1. 投影

执行该命令可以为图形添加阴影效果。下面为页面上的文字添加阴影效果。

操作详解：

（1）选择文字对象，如图 7-4 所示。

滚滚长江东逝水

图 7-4

（2）执行"效果"｜"风格化"｜"投影"命令，在弹出的"投影"对话框设置参数，如图 7-5 所示。

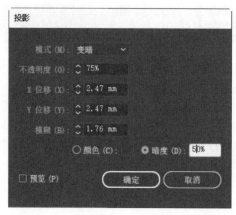

图 7-5

（3）单击"确定"按钮，文字对象就添加了阴影效果，效果如图 7-6 所示。

滚滚长江东逝水

图 7-6

"投影"对话框中的其他选项设置含义如下：

暗度：用于设定阴影和原图形颜色之间的加深比例。

颜色：可设定阴影的颜色。

2. 圆角

执行该命令可将选择图形的锐角转化成圆角。

操作详解：

（1）选择图形对象，如图 7-7 所示。

（2）执行"效果"|"风格化"|"圆角"命令，弹出"圆角"对话框，如图 7-8 所示。

（3）设置圆角半径。

（4）单击"确定"按钮，图形被圆角化，效果如图 7-9 所示。

图 7-7   图 7-8   图 7-9

7.2.2　转换为形状

"转换为形状"子菜单中的特效可使图形产生形状转换，包括"矩形"即转换成矩形、"圆角矩形"即转换成圆角矩形、"椭圆"即转换成椭圆等形状转换命令。

图 7-10 所示的是分别执行不同的转换命令所产生的效果。

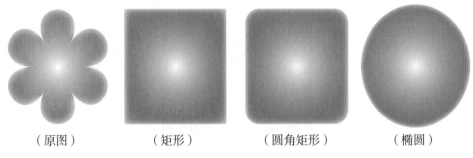

（原图）　　　（矩形）　　　（圆角矩形）　　　（椭圆）

图 7-10

7.2.3　艺术效果

使用"艺术效果"特效可以为选择对象添加各种手绘效果，如彩色铅笔、塑料包装、壁画、钢画笔、木刻、水彩、海报边缘等。应用的范围只能是置入的位图图像，或通过"栅格化"命令转化成的像素图。"艺术效果"特效只能应用于 RGB 或灰阶模式的位图，对于 CMYK 等模式的位图则不起作用。

由于该子菜单中所有的特效功能使用方法比较类似，本小节只例举两个特效功能，其余的特效请自行尝试。

1. 彩色铅笔

该命令可使图像产生彩色铅笔绘制的效果。颜色和笔触的变化取决于"彩色铅笔"对话框中参数"铅笔宽度""描边压力""纸张亮度"的设置，如图 7-11 所示。

（原图）

（效果图）

图 7-11

2. 木刻

该命令可使图像产生木刻效果。可设置的选项如下。

色阶数（No. of Levels）：设置图像层次。

边缘简化度（Edge Simplicity）：设置图像颜色边缘的简单程度。

边缘逼真度（Edge Fidelity）：设置边缘忠实于原稿的程度。

如图 7-12 所示。

（原图）　　　　　　　　　　　　　　　　　　　　（效果图）

图 7-12

7.2.4　像素化

使用"像素化"子菜单中的特效，可使图像产生彩色半调、晶格化、铜版雕刻、点状化等像素效果。

使用彩色半调特效可使图像产生四色网点叠加的效果。

执行"效果"|"像素化"|"彩色半调"命令，可在"彩色半调"面板中设置参数"最大半径"和"网角"即 CMYK 四色素点的角度，然后单击"确定"按钮即可，如图 7-13 所示。

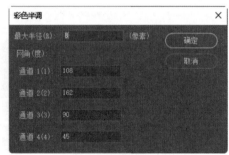

（原图）　　　　　　　　　　　　　　　　　　　　（效果图）

图 7-13

晶格化、铜版雕刻、点状化这三个特效使用方法都比较简单，此处不再赘述。

7.2.5　扭曲

使用"扭曲"子菜单中的变形特效可改变位图中的分布状态,从而产生各种变形效果。

1. 扩散亮光

使用该特效可以使图像增加灯光效果。可设置的选项有"粒度""发光量""清除量",如图 7-14 所示。

（原图）　　　　　　　　　　　　　　　　　　　　　（效果图）

图 7-14

2. 玻璃

使用该特效可产生仿佛透过玻璃观察图像的效果。可设置的选项有"扭曲度""平滑度"、"缩放"即纹理的缩放和"反相"即反转纹理色彩等。在"纹理"下拉框中还可设置纹理类型,包括"块状""结霜""画布""小镜头",及通过单击"载入纹理"按钮调出其他文件作为纹理,如图 7-15 所示。

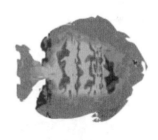

（原图）　　　　　　　　　　　　　　　　　　　　　（效果图）

图 7-15

3. 海洋波纹

使用该特效可使图像产生波浪效果。可设置的选项有"波纹大小"和"波纹幅度",即波动的幅度大小,如图 7-16 所示。

（原图）

（效果图）

图 7-16

7.2.6 模糊

使用"模糊"子菜单的特效功能可以对图像进行模糊处理。

1.高斯模糊

执行相应的命令，即可打开"高斯模糊"对话框，当"半径"值越大时，图像的模糊程度越明显，如图 7-17 所示。

（原图）

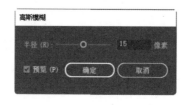

（效果图）

图 7-17

2.径向模糊

执行相应的命令，即可打开"径向模糊"对话框，在对话框中可设置的参数有"数量"即图像模糊程度、"模糊方法"、"品质"即模糊质量和"模糊中心"，如图 7-18 所示。

（原图）

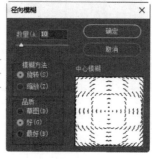

（效果图）

图 7-18

确定模糊中心点只需使用鼠标在预显框中单击即可。

7.2.7　画笔描边

使用"画笔描边"特效，可以为图像添加不同类型的笔刷效果，如喷笔、交叉阴影线、烟灰效果等。由于该子菜单中的特效功能比较类似，本节只例举两个特效功能，其余的特效请自行练习。

1. 强化的边缘

使用该命令可以强化位图图像的色彩边缘。可设置的选项有"边缘宽度"、"边缘亮度"和"平滑度"，如图7-19所示。

（原图）

（效果图）

图 7-19

2. 成角的线条

使用该命令可为图像添加成角的线条效果。可设置的选项有"方向平衡"、"线条长度"和"锐化程度"，如图7-20所示。

（原图）
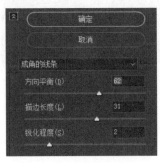

（效果图）

图 7-20

7.2.8　素描

使用"素描"子菜单中的特效，可使图像转化成各种不同形式的素描效果，如浮雕、粉笔碳笔画、金属、蜡笔效果等。

1. 基底凸现

该特效能使图像产生凹凸不平的浮雕效果。可设置的选项有"细节"即图像细节的层次、"平滑度"即浮雕的平滑度和"光照"，如图 7-21 所示。

（原图）　　　　　　　　　　　　　　　　　　（效果图）

图 7-21

2. 撕边

"撕边"是可以使图像产生撕纸拼贴效果的特效。可设置的选项有"图像平衡"、"平滑度"和"对比度"，如图 7-22 所示。

（原图）　　　　　　　　　　　　　　　　　　（效果图）

图 7-22

7.2.9　纹理

使用"纹理"子菜单中的特效功能可以为图像添加各种纹理效果。

我们主要就"龟裂缝"特效进行讲述。

"龟裂缝"特效可使图像产生龟裂的效果。可设置的选项有"裂缝间距"、"裂缝深度"和"裂缝亮度"，如图 7-23 所示。

（原图）   （效果图）

图 7-23

"纹理"菜单中其余的特效选项基本类似，就不再赘述了。

7.2.10 风格化

"风格化"中只有一个"照亮边缘"特效，可使图像不同颜色的交界处产生边缘发光的效果。

可设置的选项有"边缘宽度"、"边缘亮度"和"平滑度"，如图 7-24 所示。

（原图）   （效果图）

图 7-24

7.3 实例演练——制作单色风景画

本例教读者如何制作一幅具有单色调风格的风景图片，目的在于让读者进一步熟悉 Illustrator 2020 的特效实际应用。

操作详解：

（1）选择"文件"|"置入"，置入"吐鲁番"图像文件，并将其调整到合适大小和位置，置入的图片如图 7-25 所示。

（2）使用选取工具选择该图像，使用"特效"｜"艺术效果"｜"壁画"命令来加强图片的对比度，如图 7-26 所示。

图 7-25　　　　　　　　　　　　　　图 7-26

（3）执行"特效"｜"艺术效果"｜"霓虹灯光"命令，在霓虹灯光对话框所做设置如图 7-27 所示，单击该对话框中的发光颜色的颜色框，在弹出的颜色对话框做如图 7-28 所示设置，单击"确定"完成设置。

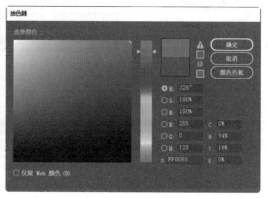

图 7-27　　　　　　　　　　　　　　图 7-28

（4）图像转变为单色风景图像，如图 7-29 所示。接着使用光晕工具，为图像添加光效，使图像产生生动的动效，添加光效后的图像如图 7-30 所示。

图 7-29　　　　　　　　　　图 7-30

7.4　本章回顾

　　Illustrator 2020 的"效果"菜单中的效果,有点类似 PS 中的"图层样式"。但是从某种意义上来说,"效果"菜单的功能比 PS 的"图层样式"更加强大。本章并没有对 Illustrator 2020 的"效果"菜单功能进行逐一介绍,只介绍了其中具有代表性的一部分。对于 Illustrator 2020 的"效果"菜单功能的掌握,需要大家对每种"效果"进行多次尝试,然后通过不同效果的对比,总结出各种"效果"功能的实际应用技巧。

第 8 章

排版图文

- 学习创建文字对象
- 掌握文字属性的设置
- 学习编辑和排版图文
- 掌握如何将文字转变为轮廓图形
- 学习基础图表的创建
- 学习图案图表的创建

本章主要内容与学习目的

8.1　案例演示：创建基本文字

　　Illustrator 2020 提供了 7 个文字编辑工具，可以使用它们创建出不同的文字效果。在文字工具组中，从上到下分别是：

　　🅣 文字工具：创建普通文字。

　　🅣 区域文字工具：创建区域文字。

　　🅣 路径文字工具：创建路径文字。

　　🅣 直排文字工具：创建垂直文字。

　　🅣 直排区域文字工具：创建垂直区域文字。

　　🅣 直排路径文字工具：创建垂直路径文字。

　　🅣 修饰文字工具：对字符进行缩放、旋转、移动等操作。

> **注意：** 在创建文字的过程中，只有单击"回车"键才能换行，否则所键入的文字将排在同一行或同一列中。水平和垂直文字可以互相转化。

操作详解：

　　（1）单击文字工具 🅣，光标显示为"🅣"。

　　（2）用鼠标在页面单击，确定文字对象的起始点。

　　（3）选择适合的输入法，键入文字，如图 8-1 所示。

　　（4）执行"文字"|"文字方向"|"垂直"命令，将文字转化为垂直文字对象，如图 8-2 所示。

> **注意：** 执行"文字"|"文字方向"|"水平"命令可将垂直文字转化为水平排列，如图 8-1 所示。

图 8-1　　　　　　　　　　　图 8-2

8.2 曲线文字和区域文字

8.2.1 案例演示：创建路径文字

使用路径文字工具 或直排路径文字工具 在路径图形上单击，即可创建路径文字。用于创建路径文字的路径图形可以是开放或闭合的。

操作详解：

（1）选择一条开放路径。

（2）使用路径文字工具 在路径图形上单击并键入文字，如图 8-3 所示。

（3）输入的文字沿所选路径分布。

（4）使用选择工具 拖动 I 形光标，移动文字在路径上的位置，如图 8-4 所示。

图 8-3 图 8-4

（5）将 I 形光标拖到路径下方，文字的方向随之发生变化，效果如图 8-5 所示。

（6）使用选择工具 调整路径的形状。

（7）文字沿调整后的路径分布，效果如图 8-6 所示。

图 8-5 图 8-6

8.2.2 案例演示：创建区域文字

区域文字就是排列在一个区域范围内的文字，在区域内键入的文字将自动换行。通常应用的矩形区域文字，只要使用文字工具 或直排文字工具 在页面上拖拉便可产生一个矩形的文字框。输入的文字将在这个矩形框内排列，并自动换行。

使用文字工具 或直排文字工具 ，可以创建任意形状区域范围之内的文字对象，并可以对区域的形状进行编辑。用于创建文字的路径不能是复合路径及蒙版路径。

操作详解：

（1）选择一个路径图形（比如椭圆）。

（2）使用区域文字工具 T 在选择的图形上单击。

（3）键入文字，创建出圆形文字路径，如图8-7所示。

（4）使用选择工具 ▶ 调整文字框的节点。

（5）文字区域的形状发生变化，且文字的排列也随之发生变化，效果如图8-8所示。

图8-7　　　　　　　　　　　　　　　图8-8

若区域文字的末尾出现一个"回"符号，表示文字还没有排列完，此时需要使用选择工具 ▶ 或直接选择工具 ▶ 扩大区域范围，让所有的文字都排入并显示完整。

8.3　案例演示：编辑文字

对于已经创建的文字，可以添加或删除其中的文字，也可对字体、字号、字间距以及段落格式进行编辑或修改。

1. 添加和删除文字

只有当建立了插入点时，才能在该点后面输入文字。如果要在已经创建的文字对象中增加几个字，也需在改动处建立一个插入点。删除文字时，选择该文字按"Del"键即可。

操作详解：

（1）使用任意文字工具在文字对象上单击建立一个插入点。

（2）输入文字"清晨帘幕"，如图8-9所示。

（3）文字添加完成。

（4）使用文字工具在要删除的文字上拖过，将其选择，如图8-10所示。

（5）按"De1"键删除选择文字。

图 8-9   图 8-10

2.设置字符格式

字符格式包括字体、字体样式、字体大小、行距、字符间距、垂直缩放、水平缩放等。可以执行"窗口"｜"文字"｜"字符"命令打开"字符"浮动面板，如图 8-11 所示，对这些选项进行设置。

该面板中常用的选项参数如下。

字体：可选择各种不同的字体。

字体样式：各字体相应的字形，如常规、加粗、斜体等。

设置字体大小：设置文字的大小，值越大，字号越大。

设置行距：文字中行与行之间的距离，值越大，行距越大。

垂直缩放：保持文字的宽度不变，改变文字的高度，竖排相反。

水平缩放：保持文字的高度不变，改变文字的宽度，竖排相反。

设置两个字符之间的字距微调：设置两个字或字母之间的距离。

设置所选字符的字距微调：控制所选择的多个字或字母之间的距离，值越大，字符间距越大。

3.设置段落格式

在 Illustrator 2020 中处理多段落文字时，可使用"段落"面板中对段落执行对齐、缩进、控制段落间距以及制表符等操作。

执行"窗口"｜"文字"｜"段落"命令，即可打开段落面板，如图 8-12 所示。

图 8-11   图 8-12

按各选项的功能，可分为：顶对齐选项组；居中对齐选项组；底对齐选项组；末行顶对齐选项组；两端对齐，末行居中对齐选项组；末行底对齐选项组；全部两端对齐选项组。下面分别介绍一下各选项组的主要参数。

左缩进：以所选文字的左边界为起点缩进。

右缩进：以所选文字的右边界为起点缩进。

首行左缩进：段落的第一行以左边界为起点缩进。

段前间距：在段落前面添加间距。

段后间距：在段落后面添加间距。

"避头尾集"之"严格""宽松"：让标点符号不出现在行首、行尾。

避头尾设置：选择此项，打开"避头尾法则"对话框，在此对话框中可以添加或删除在"严格"和"宽松"模式下哪些字符不能出现在行首、行尾。

标点挤压：当我们进行大量的文字排版时，段落文本中经常会出现由于标点符号等特殊字符的空隙而造成字符排列不规整的情况。当我们设置了合理的标点挤压方式后，就可以有效地减少这一问题的出现。

连字：选择该项，如单词处于换行的位置，将自动添加一个连字符，并在下一行显示其余字母。

悬挂标点：控制文字块边界上的标点符号始终处于每行的末尾。

4. 使用制表符

执行"窗口"|"文字"|"制表符"命令便可打开制表符标尺面板。使用制表符可以方便地对文字对象执行缩进操作，只简单地移动缩进滑块便可。

如图 8-13 所示，若在打开制表符标尺之前已经选择了一个文字对象，则打开的制表符标尺将位于所选的文字块上方，且宽度与文字块的宽度相同。

制表符
X: 0 mm
前导符：
0
10
20
30
40
50
60
70
80
90
100
110
120
130

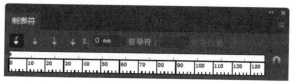

图 8-13

其中：

为左对齐指标符。

为居中对齐制表符。

为右对齐制表符。

为小数点对齐制表符

除此之外，在使用制表符标尺的同时配合 Tab 键，还可以很方便地对齐文字和小数点。

操作详解：

（1）使用文字工具创建一个区域文字对象，且每组数字之间用 Tab 键隔开，如图 8-14 所示。

（2）执行"窗口"|"文字"|"制表符"命令打开制表符标尺，如图 8-15 所示。

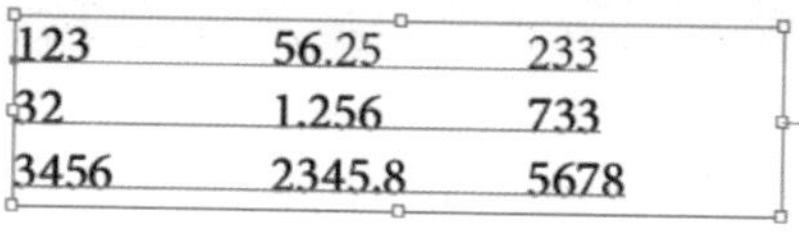

123　56.25　233
32　1.256　733
3456　2345.8　5678

图 8-14

制表符
123　56.25　233
32　1.256　733
3456　2345.8　5678

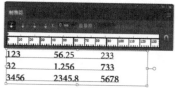

图 8-15

（3）在标尺上单击右对齐制表符 ↓ 按钮。

（4）拖动制表符，"Tab"键之后的数字随之移动，且保持右对齐，如图 8-16 所示。

（5）单击小数点对齐制表符 ↓ 按钮。

（6）将制表符向右拖动，该"Tab"键之后的文字小数点对齐，效果如图 8-17 所示。

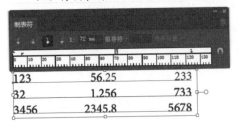

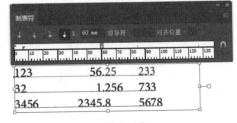

123	56.25	233
32	1.256	733
3456	2345.8	5678

图 8-16

123	56.25	233
32	1.256	733
3456	2345.8	5678

图 8-17

5. 分栏

针对区域文字，为了编辑的需要，可以使用"文字"|"区域文字选项"命令将文字块分成多个栏。

操作详解：

（1）选择要编辑的文字对象，如图 8-18 所示。

（2）执行"文字"|"区域文字选项"命令，打开"区域文字选项"对话框，如图 8-19 所示。

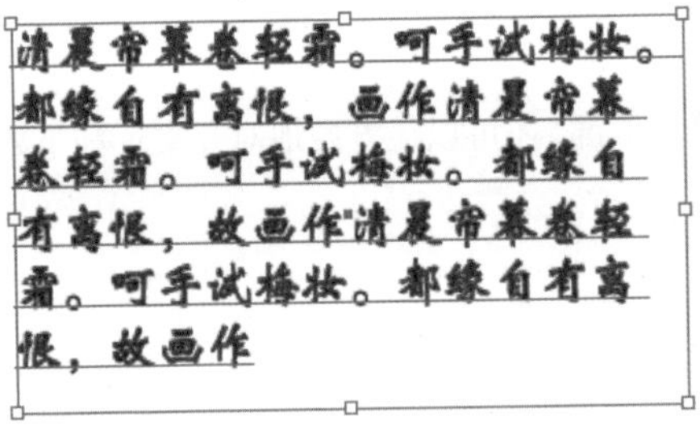

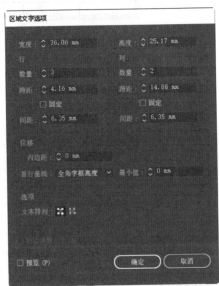

图 8-18

图 8-19

（3）在弹出的对话框中更改"行"的数量和"列"的数量即分栏数。

（4）单击"确定"按钮完成分栏，效果如图 8-20 所示。

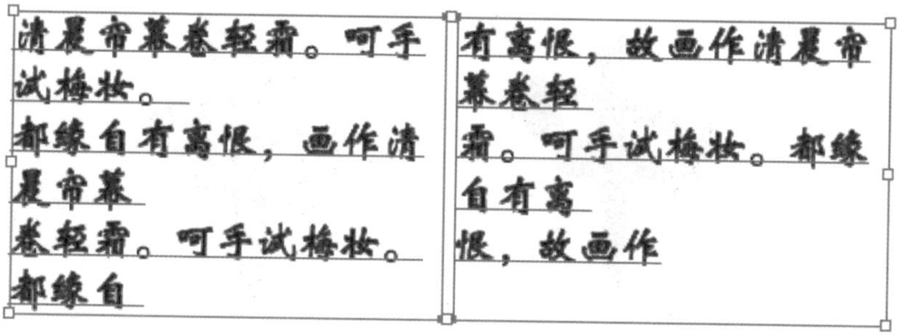

清晨帘幕卷轻霜。呵手
试梅妆。
都缘自有离恨，画作清
晨帘幕
卷轻霜。呵手试梅妆。
都缘自

有离恨，故画作清晨帘
幕卷轻
霜。呵手试梅妆。都缘
自有离
恨，故画作

图 8-20

8.4　特效文字

8.4.1　文字效果

和其他图形对象一样，也可以对文字应用填色彩和色板格式，以丰富设计的效果。所不同的是，文字对象只能应用单色和图案填，而不能应用渐变填充，如图8-21所示。

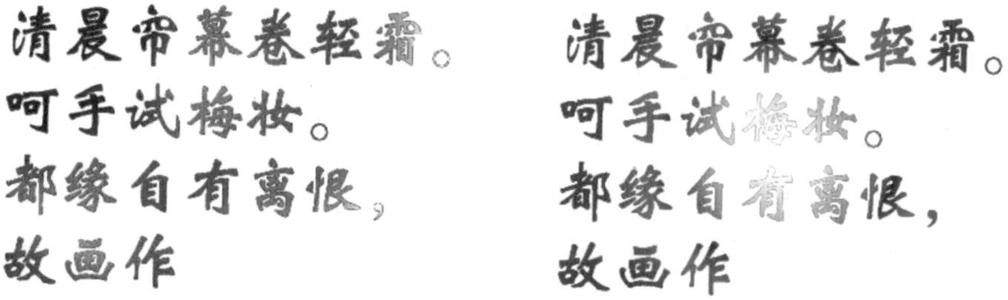

清晨帘幕卷轻霜。
呵手试梅妆。
都缘自有离恨，
故画作

清晨帘幕卷轻霜。
呵手试梅妆。
都缘自有离恨，
故画作

图 8-21

8.4.2　案例演示：文字图形

有时为了得到更丰富的效果，可以执行"文字"|"创建轮廓"命令将文字转化为路径图形。转成路径的文字可以拖动节点任意改变形状，也可以填充成喜欢的渐变颜色，但不能再作为文字处理。

操作详解：

（1）键入一个文字"中"。

（2）执行"文字"|"创建轮廓"命令将文字转化为路径图形，如图8-22所示。

（3）拖动节点改变路径的形状。

（4）填充彩虹渐变色彩，并把边线设为黑色，效果如图8-23所示。

图 8-22   图 8-23

8.5 绘制图表

8.5.1 案例演示：创建图表

使用图表工具可以灵活地创建出各种各样的图表，在 Illustrator 2020 中，一共有 9 个图表工具。

柱形图工具：创建柱状图表，可用垂直柱形来比较数值。

堆积柱形图工具：创建叠加柱状图表，可用于表示部分和整体的关系。

条形图工具：创建横条状图表，水平放置条形而不是垂直放置柱形。

堆积条形图工具：创建的图表与堆积柱形图类似，但是条形是水平堆积而不是垂直堆积。

折线图工具：创建的图表使用点来表示一组或多组数值，并且对每组中的点都采用不同的线段来连接。这种图表类型通常用于表示在一段时间内一个或多个主题的趋势。

面积图工具：创建面积图表，与折线图类似，但强调数值的整体和变化情况。

散点图工具：创建散点状图表，所创建的图表沿 X 轴和 Y 轴将数据点作为成对的坐标组进行绘制。散点图可用于识别数据中的图案或趋势，还可表示变量是否相互影响。

饼图工具：创建圆形图表，它的楔形表示所比较的数值的相对比例。

雷达图工具：创建雷达状图表，创建的图表可在某一特定时间点或特定类别上比较数值组，并以圆形格式表示。这种图表类型也称为网状图。

1. 基础图表的创建

使用不同的图表工具可以创建不同形状的图表。通常的柱状图表的使用概率较高，现在以它为例，讲述如何创建图表。

操作详解：

（1）使用柱形图工具在页面单击，弹出"图表"对话框。

（2）设置图表的宽度和高度，如图 8-24 所示。

注意：也可使用鼠标直接在视图中拖动来确定图表的大小。

（3）单击"确定"按钮，弹出"图表数据"对话框及图表，如图 8-25 所示。

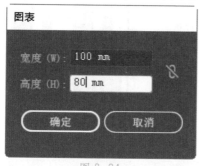

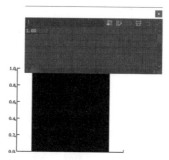

图 8-24

图 8-25

（4）单击单元格样式 ⊟ 按钮弹出"单元格样式"对话框，如图 8-26 所示。

（5）设定小数点后保留的位数，以及单元格的宽度。

（6）单击"确定"按钮。

（7）在文字框中输入所需数值，效果如图 8-27 所示。

图 8-26

图 8-27

注意：第一行和第一列的文字如果是数字，必须添加文字或特殊符号，如"2020年"。如果只有数字，系统将把它作为数据而非年份处理。

（8）单击应用 ✓ 按钮，依所设数据创建出图表，如图 8-28 所示。

（9）单击换位行 / 列 按钮，调换数据的行和列，如图 8-29 所示。

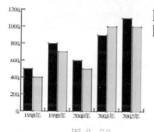

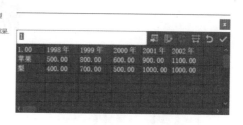

图 8-28

图 8-29

（10）单击应用 ✓ 按钮，完成图表样式的更改。

（11）使用编组选择工具 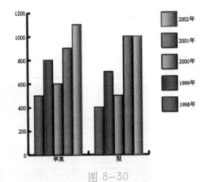，选择相同颜色的色块，分别填充不同颜色的渐变。制作出立体圆柱效果的图表，效果如图 8-30 所示。

2. 修改图表数据

图表制作完成后，如果想修改其中的数据，使用选择工具 ，即可在弹出的数据框中进行数据修改，如图 8-31 所示，完成后单击 "✔" 按钮，并关闭数据窗口。

图 8-30

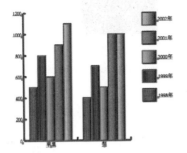

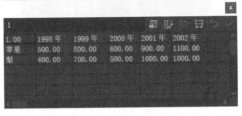

图 8-31

3. 图表的类型

Illustrator 2020 提供了 9 种图表类型。双击图表工具，或执行 "对象" | "图表" | "类型" 命令，弹出 "图表类型" 对话框，如图 8-32 所示，在此对话框中可以更改图表类型。

1）柱形图图表 和堆积柱形图图表

柱形图图表是最基本的图表。以柱的高度代表数值的大小，数值越大，高度越高。堆积柱形图图表类似于柱状图表，不同之处在于相比较的数值堆积在一起，如图 8-33 所示。

图 8-32

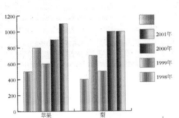

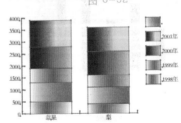

图 8-33

2）条形图图表▉和堆积条形图图表▉

横条的宽度代表相比较数值的大小。堆积条形图图表和条形图图表的不同之处在于堆积条形图图表的比较数值叠加在一起，如图 8-34 所示。

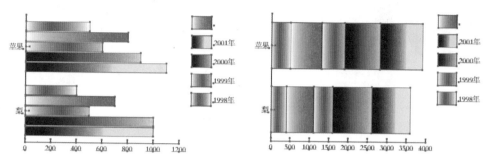

图 8-34

3）折线图图表✍和面积图图表✍

折线图图表是用点来表示一组或多组数据，以不同颜色的折线连接不同组的点。而面积图图表则填充折线连接的范围，形成面积区域，如图 8-35 所示。

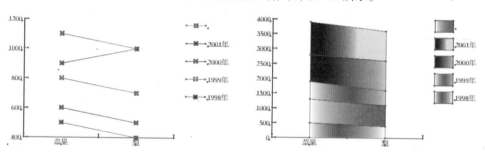

图 8-35

4）散点图图表▉

在散点图图表中，X 和 Y 坐标轴都为数据坐标轴，直线在数据点之间相连，反映数据的变化趋势，如图 8-36 所示。

5）饼图图表👆和雷达图图表◈

饼图图表是以一个圆形表示数据的总和，每组所占的百分比用不同的颜色表示。雷达图图表则以一种等分方式显示各组数据作为比较，通常应用于自然科学上。如图 8-37 所示。

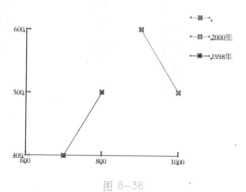

图 8-36

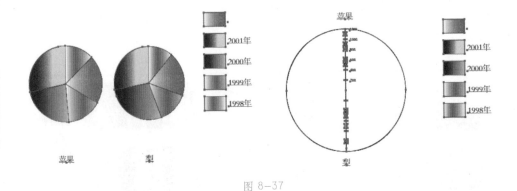

图 8-37

8.5.2 编辑图表的形式

在"图表类型"对话框中,有一个"图表选项"下拉框。该下拉框中包括了"图表选项"、

"数值轴"以及"类别轴"三个选项。

1.图表信息选项

在"图表选项"选项中,除了图表类型,还可以更改图表"样式"和"选项"。不同类型的图表"样式"选项是相同的,而"选项"则不同。以柱形图图表为例。

添加投影:选择该项将为图表添加阴影效果,如图8-38所示。

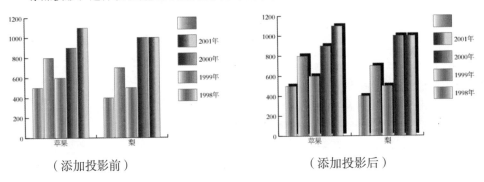

（添加投影前）　　　　　　　　　　　　（添加投影后）

图 8-38

在顶部添加图例:选择后,将在一旁的图表符号水平放置到图表的上面。图8-39所示的左右两图,分别为该选项被选择前后图表的状态。

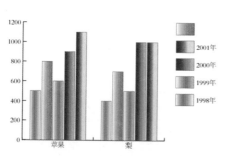 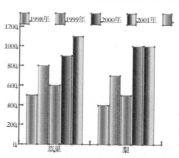

图 8-39

当图表相互堆积时，选择"第一行在前"或"第一列在前"可改变堆积柱状体的前后位置，如图 8-40 所示。

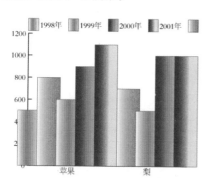 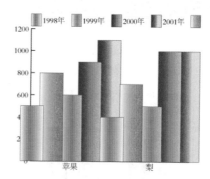

图 8-40

"列宽"和"簇宽度"：分别设置每组和每个柱状体的宽度，如图 8-41 所示。

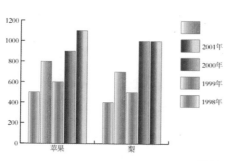 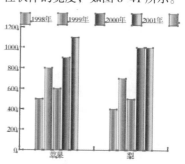

图 8-41

2. 左 / 右轴选项

在数值轴（左 / 右轴）选项中，可选择特殊的坐标轴的位置，并加以编辑设定，仍以柱形图图表为例。

操作详解：

（1）选择要编辑的图表对象。

（2）执行"对象"｜"图表"｜"类型"命令，弹出如图 8-42 所示对话框。

（3）选择"位于两侧"使坐标轴位于图表的两边，设置如图 8-43 所示。

（4）在"图表选项"下拉框中选择"左轴"。

（5）打开如图 8-44 所示的对话框，设置坐标轴参数。

图 8-42

图 8-43

图 8-44

（6）单击"确定"按钮。

（7）图表的坐标轴根据所设参数发生变化，如图 8-45 为原图（左）、变形图（右）。

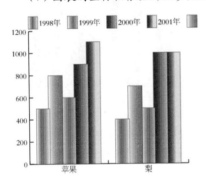
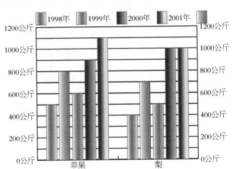

图 8-45

左 / 右轴各项参数的设置含义如下：

忽略计算出的值：选择后可自定义坐标轴上的刻度值，其中"最小值"表示原点的数值，"最大值"表示坐标轴上最大的刻度值。该项不选时，系统将根据输入的数值自动计算坐标轴的刻度。

长度：确定坐标轴上刻度线的长度："短线""长线""无"。

绘制 个刻度 / 刻度线：可设置每个刻度值之间有几个分隔。

前缀：为数据轴上的数据添加前缀。

后缀：为数据轴上的数据添加后缀。

3. 类别轴

在"类别轴"选项框中，可以对刻度线进行控制，包含的内容如下。

长度：控制刻度线的长度。

绘制 个刻度 / 刻度线：可设置每个刻度值之间有几个分隔。

8.5.3 案例演示：图案图表

除了9种基础图表外，还可以创建出各种有趣的图案图表。制作图案图表所需的图案可以是 Illustrator 2020 自带的，也可以自己绘制。

1.创建图案图表

在这里可以使用 Illustrator 2020 自带的符号图样来创建一个表示蝴蝶和蜻蜓数量的图表。

操作详解：

（1）在符号面板中选择所需图案（蝴蝶）放置到页面中。

（2）执行"对象"|"图表"|"设计"命令，弹出"图表设计"对话框。

（3）单击"新设计"按钮，建立新的图案图表。

（4）单击"重命名"按钮，输入"蝴蝶"后单击"确定"按钮为新建的图案图表命名，这时的"图表设计"对话框如图8-46所示。

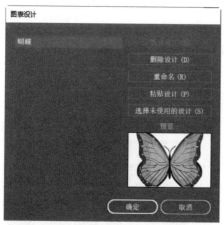

图 8-46

（5）单击"确定"按钮完成图案设定。

（6）在一个基础的柱形图图表中，使用编组选择工具选取代表蝴蝶的长方形，如图8-47所示。

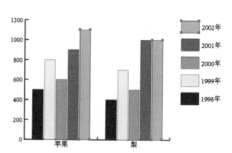

图 8-47

（7）执行"对象"|"图表"|"柱形图"命令弹出"图表列"对话框，如图8-48所示。

图 8-48

（8）选取"蝴蝶"，并设置图案参数。

（9）单击"确定"按钮，图案图表创建完成，效果如图 8-49 所示。

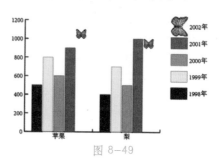

图 8-49

2.设置图案图表的参数

在"图表列"对话框中，不同的参数设置可创建不同的图案图表。

"列类型"之垂直缩放：每一个柱形以一个图案表示，并且纵向拉伸变形。

"列类型"之一致缩放：将图案图表根据数据的大小进行缩放。

"列类型"之重复堆叠：使图案图表重复地放置。

"列类型"之局部缩放：使柱形局部拉伸变形。

旋转图例设计：使标注的图案横向显示。

每个设计表示 个单位：设定每个图案代表多大数据。

对于分数：如果要表示的数据不到一个图案代表的数据大小，则可选择表示方法是"截断设计"图案还是按"缩放设计"图案。

8.6 实例演练

8.6.1 金属字

本例说明：制作一组带有金属光泽的艺术字。

训练目的：熟练文字工具使用，学习制作特效文字的方法。

操作详解：

（1）使用文字工具 **T** 在页面键入单词"Illustrator 2020"。

（2）执行"文字"|"创建轮廓"命令将文字转化为路径图形，如图 8-50 所示。

Illustrator

图 8-50

（3）执行"对象"|"路径"|"偏移路径"命令使路径发生偏移，设置如图 8-51 所示。

（4）将图形填充成两端蓝色 C：100 到中间白色的渐变色彩，效果如图 8-52 所示。

（5）选择在步骤（3）中偏移产生的路径，执行"对象"|"锁定"|"选区"命令将其锁定，防止被下面的操作破坏。

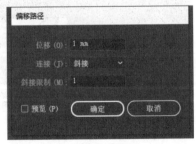

图 8-51

图 8-52

（6）按住"Alt"键的同时，用美工刀 ✎ 在图形上拖过，将其分成上下两个部分，效果如图 8-53 所示。

图 8-53

（7）选择上半部分的图形，填充成白色，并把下半部分填充成蓝色 C：100 到白色的渐变，效果如图 8-54 所示。

图 8-54

（8）解除锁定，选取全部图形元素，将边线设为空。
（9）添加黑色矩形背景，完成整个制作过程，最终的效果如图 8-55 所示。

图 8-55

8.6.2　文字在版面中的巧妙图形化处理

本例说明：制作图形化文字。
训练目的：熟练区域文字工具的使用和星形工具的设置，学习实现文字绕图的方法。

操作详解：

（1）选择工具箱中的星形工具 ☆，在页面单击，弹出如图 8-56 所示的"星形工具"对话框，在星角数栏中输入或单击上下 ⬍ 按钮，得到的就是相应的星形角点数，这里输入 40，最重要的还是半径 1 和半径 2 的值（可以重复调试，直到满意为止）。单击"确定"按钮后，就会在页面上出现所绘制的图形（不用进行拖动），如图 8-57 所示。

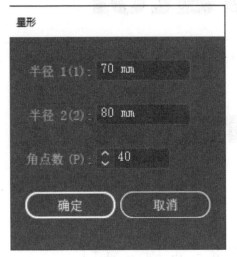

图 8-56

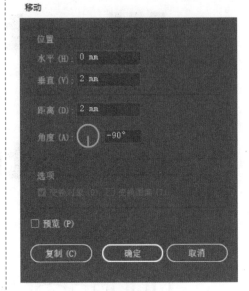

图 8-58

图 8-57

（2）选择星形，并通过"编辑"|"复制"和"编辑"|"贴在前面"命令，将其原位复制一份。选择复制品，在工具箱中利用填充工具将其填充为红色，再次选择复制品并双击选择工具，弹出如图8-58所示的移动对话框，设置垂直移动2个单位，效果如图8-59所示。

图 8-59

（3）此时两个星形只是两个路径的叠加，首先要将其组合成一个整体。按"Shift"键选择两个星形，执行"对象"|"编组"命令，将其合二为一。在工具箱中选择美工刀，按"Alt"键不放用鼠标在星形的中部画一条直线，将星形从中间裁成两半，再将上半部分删除，效果如图8-60所示。

（4）在半个星形的上面画一个形状大致吻合的圆形，填色为"无"，如图8-61所示。

图 8-60

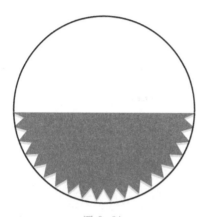

图 8-61

（5）选择工具箱中的文字工具中的区域文字工具 🔟，在圆的边缘上单击，输入文字并设置大小效果如图8-62所示。这时会发现圆的边缘的颜色自动消失。

（6）文字与下面的半个星形合为一个整体画面，在顶端添加一行标题，如图8-63所示。

图 8-62

图 8-63

（7）用同样的方法，在下半部分的星形内也填充满随弧形变化的文字及标题，如图8-64所示。

（8）通过"文件"｜"置入"命令置入两张图片，如图8-65所示。

图 8-64

图 8-65

167

（9）先选择其中的一张图片并移到上面的文字块上（图片要放一个合适的位置），在保证此图片被选取的基础上选择该文字块（在此之前要确认图片的层次是位于文字之上），单击"对象"｜"文字绕排"｜"建立"。如果此时觉得效果不理想，可以再次单击"对象"｜"文字绕排"｜"释放"，重新调整图片的位置进行下一次的绕图效果。用同样的方法选择另一张图片进行绕图效果处理，效果如图 8-66 所示。

图 8-66

（10）选择工具箱中的矩形工具，按住"Shift"键在页面上单击并拖动绘制出一个略大于图形的正方形，设置填色为"无"，轮廓线的宽度为 3 pt 并填充合适的颜色。最终的效果如图 8-67 所示。

图 8-67

8.7 本章回顾

通过本章的学习，初步了解 Illustrator 2020 强大的文字处理功能，设计者不仅可以快速地改变文字的字体、字号等基本文字属性设置，还可以将文字与图形对象随意排列，将文字转化为轮廓图形，为其添加渐变、样式等属性，使用变形工具组可变形文字，而且对文字的不透明度和混合模式都可以进一步设定。

因此，熟练掌握 Illustrator 2020 的文字处理功能，是顺利进行 Illustrator 2020 图文设计的关键。

第 9 章

印前输出与输出到 Web

9.1 打造印前输出文件

9.1.1 屏幕校色

屏幕所显示的图像是由RGB三色光来进行模拟，但是打印机是通过CMYK四个基本色料来打印图像的。由于RGB色域的颜色本来就比CMYK色域要广，因此图文件在屏幕上的色彩与输出后的色彩很可能会出现偏差。因此屏幕本身的校色是一项很重要的工作。校色后，不仅可以获得最佳的显示效果，并且可以更精确地控制输出后的打印品质。

Illustrator 2020本身提供了内建的色彩管理系统，可以利用它进行校色方面的设置，不需要再额外安装其他的色彩管理系统。

如果要进行额外的校色操作，则可以选择"编辑"｜"颜色设置"命令，系统会自动打开如图9-1所示的对话框，经过校色后，文件的图稿色有可能与先前的有些不同，但是却会更接近印刷后的效果，减少色偏的可能。

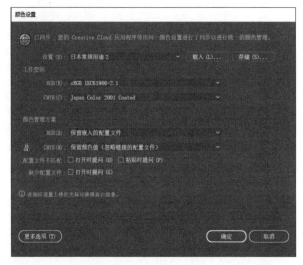

图 9-1

设置下拉列表中包括一系列的色彩设置模式选项，可以从中挑选一个适当的模式，或者选取自定义选项来自行设置一个色彩设置模式。

当在Illustrator 2020中调整色彩设置时，就等于在重新定义各个色彩模式的色彩空间。执行"编辑"｜"颜色设置"命令后，在打开的对话框中就包含了两个最常见使用的色彩空间设置：RGB以及CMYK。

（1）RGB：屏幕上所见到的就是典型的RGB环境，这个选项让读者可以有效地控制色彩，但是最主要是目的在于指定Illustrator 2020 操作时的色彩空间。

（2）CMYK：校色之所以如此重要，就是要解决长久以来屏幕与打印设备间的色偏问题，这也是所有设计者的衷心期望，而CMYK设置可以说是目前这方面重要的解决方案之一。因此在将作品送至印刷厂之前，请先确定CMYK色彩空间的设置，因为这个设置跟打印有极大的关系。

9.1.2 叠印设置

在某些情况下，我们可能会需要叠印效果来尽心辅助。比如说彩色背景上的黑色线条，可能会需要增加叠印效果，使其形态更加明显，或者是当线条稿中没有的油墨颜色，而图文件却又需要补漏白或叠印的效果时，便可以利用叠印效果来混出所需的色彩。

Illustrator 2020 默认地将对象的填色以及描边颜色以不透明的方式进行处理，但是利用颜色面板的"正片叠底"选项，并配合面板中的填色以及描边选项，如图9-2所示，可以改变对象色彩的叠印属性，而其重叠的区域会呈现出透明的效果，如同玻璃上的彩绘一般，避免出现去底色的情况。这个步骤并不是必需的，读者可根据情况自行决定是否需要进行设置。并且Illustrator 2020 具有叠印预览的功能，叠印设置已不像以往那么麻烦了。

在默认模式下，叠印效果无法在屏幕上显示，不过我们可以利用路径查找器面板上的实际打印及透明叠印模式来显示打印后的近似颜色，并以此作为一个参考。另外也可以选择"视图"|"叠印预览"命令，切换至叠印预览视图模式，直接观察色彩的叠印效果。

图 9-2

除此之外，也可以利用叠印黑色特效来设置或者是删除不必要的黑色叠印效果。选择"编辑"|"编辑颜色"|"叠印黑色"命令，即可将特效应用于对象。

9.1.3 制作裁切线

在Illustrator 2020 中，裁切线对象有两种形式，第1种是本节介绍的"裁切线"，另外一个则是位于"效果"菜单中的"裁剪标记"命令，虽然两者都属于裁切功能，但目的并不相同。位于滤镜菜单中的对象裁切线滤镜，通常是在建立多组对象裁切线的情况下才会使用，而裁切线则是可以自由地决定要进行裁切的范围，是一种设置在打印时需要裁除部分的重要工具，如果系统在进行分色过程中没有设置裁切，会自动按默认值在不影响对象的情况下在对象周围设置裁切线；设置之后的裁切线必须通过选择释放命令才可解除，而且在一份文件中只能有一个裁切线。

1. 裁切线

在设置裁切线时，必须先利用矩形工具拖拉出一个矩形对象作为剪裁的范围。该对

象上色与否并没有太大关系，不过建议应用无色彩模式，然后再选择"对象"|"创建裁切标记"命令，即可在文件中制作出裁切线。如果要解除对象的裁切线属性的话，可以使用选择工具 选择裁切线然后直接删除，其颜色属性都会被删除，无法复原。

在线稿上设置裁切标记，可以画一个矩形框来定义裁切标记出现的范围。矩形框是填充的还是笔画线条都没关系，在选择矩形后，执行"对象"|"创建裁切标记"命令，这时裁切标记代替了选择的矩形。如果没有矩形被选中，裁切标记将被放置在画板的角上。

如果想对一个彩色的Illustrator 2020文件分色，应当首先在线稿上设置裁切标记。如果不设置裁切标记，在默认状态下Illustrator 2020将在线稿中的所有对象的绑定框上设置它们。

2. 对象裁切线

对象裁切线的功能与裁切线很类似，同样也是用来设置文件打印时的裁切位置，但是对象裁切线可以在单一文件中同时标识数个裁切位置，它会根据所定义的矩形范围来设置文件的打印区域，而不会影响到线条稿的打印边框。

由于对象裁切线的特性，在打印多个对象的情形下，使用这个工具是非常方便的。如在打印名片时，便可以利用对象裁切线在打印纸上标出多个裁切线，而不需要使用者自行标记。

在对象上创建修剪标志，在选择对象后，执行"效果"|"裁剪标记"命令即可。图9-3所示为带有多个剪裁标志的图像。

图 9-3

3. 输出拼版色

在打印过程中，如果想打印一种颜色到所有印版上，包括专色印版，则可以把该种颜色转换为拼版色。拼版色典型用于裁剪标志。

操作详解：

（1）选择想要在上面应用拼版色的对象。

（2）选择"窗口"|"显示色板"。

（3）在"色板"调板中，单击位于色板第一行的拼版色板。选中的对象被转换成拼版色对象。

（4）要把默认的黑色拼版色改变颜色，则使用"颜色"调板。

（5）要把拼版色改变为淡黑色，则使用"颜色"调板中的"色调"滑块。

（6）要把拼版色改变为CMYK或灰度颜色，则从"颜色"调板中的弹出式菜单选择颜色选项，并使用滑块来调整该颜色。

9.1.4 打印分色

　　线稿可包含专色、印刷色（CMYK）和拼版色之一，或者三者均有。在为含有专色的线稿分色时，每种专色生成一个分色盘，每个盘只包含那一种颜色的对象。

　　在将图文件输出成彩色的连续色调图像之前，印刷厂通常会将线条稿分为4个不同色板，也就是分别将CMYK色系列的4种原色料青色、洋红色、黄色以及黑色印刷在独立的色板上，涂上适当的油墨，并将其拼版后，便可以结合成与原始图像的图稿。而这一连串将图像分解为原色的过程称为分色，而印刷后所产生的底片称为分色片，也就是所谓的色板。

　　除了CMYK 4种颜色外，Illustrator 2020 也允许使用者自行定义专色，来丰富图像的色调效果。不过专色并不属于CMYK色域中的任何一种颜色，因此无法利用先前分片的色板来模仿其色彩。如荧光色或金属色，因此必须将专色单独制作为一个色板打印才行。因此在某些情况下，可以用专色来取代其他色板，以降低线条稿的复杂度以及所需费用。比如说需要印制一个墨绿色的标题时，读者便可以只设置两个专色：黑色以及特定浓度的绿色即可，而不需要将其分为CMYK四色。

　　如果需要查看文件中的专色所对应的印刷色时，可以直接双击应用该专色的任一对象，此时系统便会打开"色板选项"对话框，如图9-4所示。将色彩类型由专色改变为印刷色后，专色所对应的印刷色的数值便会自动地显示在颜色面板上。

操作详解：

　　（1）选择"文件"｜"打印"命令，弹出"打印"对话框，如图9-5所示。

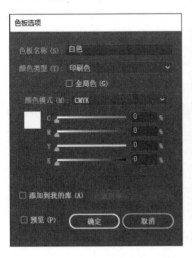

图 9-4

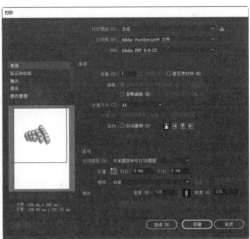

图 9-5

　　（2）在"打印机"和"PPD"下拉列表中选择打印机和 PPD 文件。若要打印到文件而不是打印机，请选择"Adobe PostScript® 文件"或"Adobe PDF"。

　　（3）选择"打印"对话框左侧列表中的"输出"项。

（4）在"模式"下拉列表中选择"分色（基于主机）"或"In-RIP 分色"。

（5）为分色指定药膜、图像和打印机分辨率。

（6）为要进行分色的色版设置选项：

①若要禁止打印某个色版，请单击"文档油墨选项"列表中该颜色旁边的打印机 🖶 图标。再次单击可恢复打印该颜色。

②若要将所有专色都转换为印刷色，以使其作为印刷色版的一部分而非在某个分色版上打印，请选择"将所有专色转换为印刷色"。

③若要将某个专色转化为印刷色，请单击"文档油墨选项"列表中该颜色旁边的 ◉ 按钮，将出现四色印刷图标 🖾 。再次单击可将该颜色恢复为专色。

④若要叠印所有黑色油墨，请选择"叠印黑色"。

⑤若要更改印版的网频、网线角度和半色调网点形状，请双击油墨名称。也可以单击"文档油墨选项"列表中的现有设置，然后进行所需修改。但是要注意，默认网频和网角是由所选 PPD 文件决定的。在创建自己的半色调网屏前，请先确定首选频率和角度。

> **提示** ⚈ 如果图稿中包含多种专色（尤其是两种或多种专色之间相互影响），请为每种专色指定不同的网角。

（7）设置"打印"对话框中的其他选项。尤其要说明的是，可以指定如何定位、伸缩和裁剪图稿，设置印刷标记和出血，以及为透明图稿选择拼合设置。

（8）单击"打印"按钮即可。

以选择"打印到PDF"为例。因为安的是虚拟打印机，所以它当然不会打印出来，而是打成了PDF格式的文件，选择正确的路径存好。选择输出几色，这个PDF文件就有几页。Acrobat会自动打开，就会看到图像被分成了几张看起来只有黑色的文件，而且还会有印刷角线、出血线等。

然后可以在AI中或Acrobat中打开来打印输出单色片进行晒版印刷了。还有一种办法就是分好色以后，在打印输出时选择打印到文件（复选框勾上），输出为一个默认扩展名为PRN的文件。然后直接改成PS扩展名即可。再用Distiller程序打开转换为PDF格式，会是一样的效果。这样就不用专业分色软件，也不用买PS打印机，用AI就可以分色输出了。使用菲林和硫酸纸打印都行。

9.1.5　打印选项详解

"打印"对话框中的部分选项如下。

1. 指定页面大小和方向

Illustrator 2020通常使用打印机的PPD文件中的默认页面大小。页面大小是用常见的名字（如Letter）表示的，大多数激光打印机不能打印到页面的边缘。

如图9-6所示，选择不同页面大小（如从letter改为legal），则矢量图形在预览窗口中被重新调节，这是因为预览窗口显示选中页面的整个可成像区。当页面大小改变时，预览窗口自动重新调节到可以包括可成像区。

Letter   Legal

图9-6

1）指定页面大小

在常规选项卡中，从"介质"选项下拉列表中选择一个选项，如图9-7所示。

2）指定页面的取向

在取向选项卡中，从"自动旋转"选项下拉列表中选择向上▣、向左▣、向下▣或向右▣，或者选择"横向"。

2. 指定自定义的页面大小

在常规选项卡中，从"介质大小"下拉列表中选择"自定义"，然后就可以设置"宽度"和"高度"来指定自定义页面大小，如图9-8所示。该选项只在所用打印机与定义的页面大小相适应时才可用，如高分辨率照排机，激光打印机的PPD文件不提供该选项。可以指定的最大自定义页面的大小取决于照排机的最大可成像区。

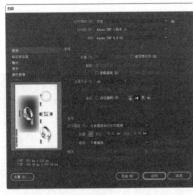

图9-7   图9-8

3. 指定药膜

感光剂一般称为药膜，是指胶片或纸上的感光层。向上的意思是，当感光层面向观察者时，图像中的文字是可读的（也就是"正读"）。向下的意思是，当感光层面背向观察者时，文字是可读的。正常情况下，打印在纸上的图像是向上（向右读）的，而打印在胶片上的图像是向下（向右读）的。可与印刷商商榷，首选哪种膜面方向。

要想知道面向上的是膜面还是非膜面（也叫基面），需在明亮的光线下检查最后的胶片。较暗的一面是膜面，发亮的一面是基面。

指定药膜膜面，须从药膜选项下拉列表中选择向上（正读）或向下（正读）。

4. 指定图像类型

图像选项决定了图像的曝光：正片或负片。通常，在美国，印刷商要求负片，在欧洲和日本，则要求正片。如果不能肯定应使用哪种图像类型，则向印刷商咨询。在"输出"选项卡的"图像"下拉列表中，选择正片或负片来指定图像类型。

5. 指定为哪种颜色建立分色

在分色预览对话框中，每个分色都是用Illustrator 2020分配的颜色名作为标签的。如图9-9所示，打印机█图标出现在颜色名称前面，表明Illustrator 2020已经为该颜色建立了一个分色。

按照默认规定，Illustrator 2020为矢量图形中的每一种CMYK颜色建立了一个分色。要建立分色，需确保在分色设置对话框中，打印机█图标显示在颜色的名字旁边。

要选择不建立分色，则单击颜色名字旁边的打印机图标。于是打印机█图标消失，不再建立分色。

图 9-9

6. 设置专色

在工作界面的色板面板中选择所要设置为专色的色板，然后在色板菜单点击色板选项█按钮，如图9-10所示，会自动弹出如图9-11所示界面。在色板选项对话框，将颜色类型选择为"专色"，单击"确定"按钮完成专色设置。

专色设置完成后，色板面板就被设置为专色的色板了，此时会出现一个小三角的标志，如图9-12所示。

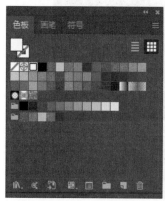
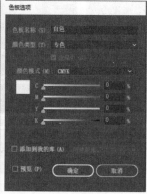
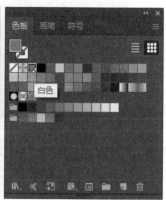

图 9-10　　　　　　　图 9-11　　　　　　　图 9-12

7. 把专色作为印刷色分色

在分色设置对话框中，可以把专色或命名颜色分色为等值的CMYK印刷色。当专色或命名的CMYK颜色被转换为等值的印刷色时，它们被当作分色打印，而不是在单个印版上打印。

把所有专色分色为印刷色：在"打印"对话框的"输出"栏的"输出"选项卡中，选择"将所有专色转换为印刷色"复选框。该选项默认为选取状态。四色印刷图标出现在矢量图形中的所有专色旁边。

操作详解：

（1）取消选择"将所有专色转换为印刷色"。

（2）在颜色列表中，单击专色旁边的打印机图标，则四色印刷色 图标显示。

（3）对于每种想要转换为印刷色的专色，在颜色列表中单击它的名字前面的打印机图标。

8. 在分色中叠印黑色

让印刷商在印刷色上叠印黑色，可以更便宜和容易一些。可以选择是否要在打印或保存选中的分色时叠印黑色。在分色中叠印黑色：在"打印"对话框的"输出"栏的"输出"选项卡中，选择"叠印黑色"项。

当插图风格允许时，在彩色背景上叠印100%黑线。当线稿不共享公有的油墨颜色，且想建立陷印或覆盖油墨效果时，采取叠印。当叠印印刷色混合或定制不共享公有油墨的颜色时，叠印颜色被加到背景颜色上。例如，如果在100%青色填色上打印100%洋红色填色，则迭盖填色呈紫罗兰色，而不是洋红色。

9. 指定出血区

出血是落在打印定界框外的矢量图形总量，或落在裁剪标志和修剪标志外的矢量图形总量。可以在矢量图形中包括出血，来作为错误的页边空白，确保页面修整后油墨仍然打印到页面的边缘，或确保图像可以被露出到文档的关键行中。一旦建立了伸展到出血中的矢量图形，就可以使用Illustrator 2020来指定出血区的延伸。

改变出血，移动裁切标记使其和图像离得更远或更近。可是，裁切标记仍然定义同样大小的打印定界框。图9-13所示为页面设置的小出血和大出血对比图例。

一般印刷品出血设置在3~6mm。另外也可以听取印刷商对特殊作业所需的出血大小提出的建议。

图 9-13

10. 打印和保存分色

当分色设置完毕后，请先保存文件，将先前的相关设置记录下来，再进行打印工作。

如果要进行分色片的打印，可以在打印分色片处于选取的情况下，选择"文件"｜"打印"命令打开打印对话框。在该对话框中设置输出对象为"分色片"，并确定打印机为其目的后，即可打印。如果要保存分色片的话，同样可以选择"文件"｜"打印"命令打开打印对话框，并设置输出对象为分色片，不过必须更改输出目的为PostScriptFile，设置无误后，单击"存储"按钮，即可保存文件，保存后的文件的扩展名为.ps。

> **注意：** 打算用来打印分色的打印机或照排机必须和设置分色时指定的 PPD 文件匹配。如果输出设备和 PPD 文件不匹配，将会收到警告信息。

保存文件即保存了在分色设置对话框中指定的分色设置、PPD 信息和任何颜色变换。

9.1.6　打印输出

不论我们要将完稿的图文件交由输出中心进行输出，还是自行使用打印机打印，先对打印有个基本的了解，如此在操作进行的过程中，才可以减少错误发生的概率以及确保输出效果符合要求的品质。

1. 文档设置

在输出之前，通常需要进行一系列的文档设置。选择"文件"｜"文档设置"命令，在打开的文档设置对话框中就会显示出有关打印和输出的设置选项，在此可以进行各项参数的设置，如图9-14所示。

2. 复合打印

如需要制作分色片，可能会需要打印一份彩色图稿，或者是多份不同灰色的图像进行打样，以检查图稿或是将其送至印刷厂作为分色之用。而在默认模式下，Illustrator 2020在打印复合文件时，会将图文件中所有的颜色都打印出来，不论是否

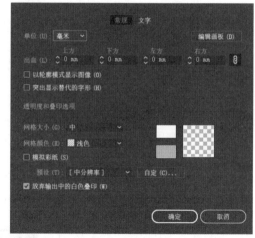

图 9-14

选取了个别的颜色，在设置好适当的裁切线后，选择"文件"｜"打印"命令，即可进行打印。

对于某些较旧的打印机而言，打印渐层以及色彩渐变效果是一项严格的考验，甚至造成完全无法打印。因此在打印文件时，我们可能会发现打印机的分辨率与所能产生的网线数，最多无法超过256，而且网线数越高，越会减少打印机所能打印的灰度数。为了避免出现这种情况，在输出前使用者可以参考表9-1所示的分辨率与网线数的对应关系，供打印时参考。

表 9-1　分辨率与网线数的对应关系

网面输出时分辨率	建议使用的相对网线数	网面输出时分辨率	建议使用的相对网线数
300	19	1693	106
400	25	2000	125

续表

网面输出时分辨率	建议使用的相对网线数	网面输出时分辨率	建议使用的相对网线数
600	38	2400	150
900	56	2540	159
1000	63	3000	188
1270	79	3252	203
1446	90	3600	225
1524	95	4000	250

当自行利用打印机进行打印时，请注意对于有些打印机，线条稿中的叠印效果并不会出现在复合打印稿中，除非使用者已经利用"路径查找器"面板更改其属性。由于始终存在色偏的问题，打印机打印出来的彩色图样，永远无法替代印刷厂所制作的打样。

9.2　网络发布

Illustrator 2020具有强大的Web功能。

由于有了符号功能，可以将图片存储为符号，这样即保持了较小的文件尺寸，又有利于文档的管理。切割功能提供了基于物体的切割，并可在一个网络设计中定制、优化不同的切片。切片修改后可自动更新，使工作流程更加灵活流畅。当输出切割的HTML页面时，还可以指定CSS层选项。如果要使用大量相似格式的图形，还可以利用数据驱动图形的强大功能自动在Illustrator 2020模板设计基础上创造作品。此外，Illustrator 2020还支持对SVG和Macromedia Flash文件的输出。

9.2.1　使用符号

无论把Illustrator 2020当作一个Web设计工具还是用来创建动画中的元素，都必须确保较小的文件尺寸，使网页能快速地下载。Illustrator 2020由于有符号支持功能，使得再复杂的设计也可保持较小的文件尺寸。由于每一个绘画中的符号色板都指向原始的符号，当重新定义一个符号时，所有用到此符号的色板会自动更新，这使管理变得非常容易。尤其是对技术图纸和地图等复杂作品的设计，这种强大的功能可以确保一致性并且提高工作效率。

Illustrator 2020也支持"符号库"，可以在多个文件之间共享符号。

此外，当输出包含符号的文件时，不论用Flash（SWF）、SVG，或者任何其他支持符号的文件格式，符号只需被定义一次，这使得文件的尺寸大幅度地减少。当输出为动画时，如果没有符号，每个框架下的元素都要反映出来，就会导致庞大的文件。而充分利用符号优势的动画能使在线文件更加小巧。

9.2.2　制作切片

利用工具把一个图像切割为数个小文件，可以使网页更容易下载，同时可给页面中不同的部分分配特别的动作，如链接或"动态按钮"。在Illustrator 2020中定义的切片还可以使用Adobe Photoshop和Adobe Image-ready中所熟悉的工具来编辑，可被Adobe Golive识别。

1. 创建基于物体的切片

切片通常是制作过程中最后的步骤，因为一旦网页被人工切分之后，若想变动修改而不影响到切分是非常困难的。Illustrator 2020由于引进了基于物体的切片，使得切片随着工作的进展而自动更新。

切片的创建非常容易，只要选择一个物体、组或者图层然后执行"对象"|"切片"|"建立"命令就可以了。物体的矩形外框定义了切片的大小，网页上一系列带有编号的红色外框线表示切片的位置和顺序。当一个切片移动时，其他切片将自动移到网页上新的位置。如果修改作品时不希望看到切片的外框信息，可以选择"视图"|"显示定界框"命令来控制是否将外框显示在屏幕上，如图9-15所示。

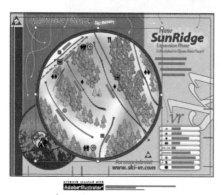

图 9-15

2. 使用切片工具 手动创建切片

使用切片工具 可以创建定制的切片。和基于物体的切片不同，切片工具 不能自动更新。利用切片工具 可把一个单独的物体切分成许多的切片，如果想把一个大的图像分成很多小的切片，可使用这种方法。

3. 利用 CSS 层

当一个切片和另一个切片重叠时，利用CSS（Cascading Style Sheet）层可在不会影响到后置层的情况下保持前置层的透明。比如网页上的商标覆盖在背景图之上，通常包含商标的切片也包含它覆盖的一部分背景图。但若把商标和背景图分别分配到不同的层，再用CSS层输出文件，商标切片将有一个透明的背景，也就可以在不影响其他部分的情况下轻松地更新背景或商标了。

CSS层还可用于不同的场景中隐藏或显示层。例如，导航栏可能对每一组按钮使用不同的层。当用CSS层输出文件时，可以使与读者浏览器语言相匹配的层显示出来而将其他的层隐藏。

4. 利用切片的特定格式和压缩选项

不同类型的内容需使用不同的Web图形格式：通常像素图最好使用JPEG格式，商标之类的简单图形存成GIF格式文件下载会较快，文本和矢量图形适合存成SVG格式，简单的动画可存成SWF格式文件。

当设计的网页中包括多种类型的元素时，可在一个HTML表格里将不同的格式和压缩选项应用到各个切片，以得到满意的效果。

下面列出每种切片格式的优点和压缩选项。

（1）HTML：适用于单纯的HTML文本。

（2）GIF：适用于颜色较少及细节清晰（如文字、商标）的图像。

（3）JPEG：适用于包含真彩、渐变或具有连续色调的图片。大部分浏览器都支持JEPE文件格式。

（4）PNG：PNG-8支持8彩色彩。像GIF格式一样，PNG-8适用于颜色较少、细节清晰（如线稿图、商标或者文字）的图像。

（5）SVG：适用于矢量图形。与其他压缩选项一样，选择文字、图形与文件的关系，即链接或者嵌入。

（6）SWF：适用于矢量图形。不管是采用自动或手动方式创建的切片，都可以使用"存储为Web"窗口中的工具来设定切片特定格式和压缩选项。Illustrator 2020支持HTML，GIF，JPEG，PNG，SVE及Macromedia Flash（SWF）格式。不同切片可以使用不同的压缩方式，可以执行"导出"|"存储为Web所用格式（旧版）"命令，在弹出的"存储为Web所用格式"对话框中选择适合的压缩方式，如图9-16所示。

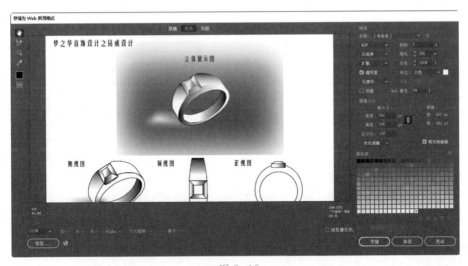

图 9-16

9.2.3 利用动态数据

在如图9-17所示的"变量"面板中，可以将网页上的对象指定为变量。变量的应用使网页的内容可以自动更新。当对象被定义为变量后，网站技术人员就可以通过Java Scripts语言或图像服务器来自动更新网站的内容了。

图 9-17

9.2.4 Flash（SWF）输出

　　Flash文件通常用于网页上矢量的动画。现在，可以直接从Illustrator 2020中制作用于网页的动画和图形了。

　　一个简单的动画示例如下。

操作详解：

　　（1）将渐变步数设为8，制作一个红色圆形到绿色六边形的混合图形，如图9-18所示。

　　（2）执行"对象"｜"混合"｜"扩展"命令将混合打散成多个图形。

　　（3）在"图层"面板弹出菜单中执行"释放到图层顺序"命令，将图形释放到图层。

　　（4）执行"文件"｜"导出"｜"导出为"命令，在打开的"导出"对话框中选定导

图 9-18

出的文件夹后，再选择"保存类型"为"Flash（*.SWF）"，然后单击"导出"按钮，就生成一个后缀为.swf的Flash动画文件了。

9.3 操作技巧

　　在本节就网络发布和印前输出时必须注意的问题作出必要的提示。

9.3.1 提高打印效率

　　不当的选项设置，或者是过大的文件，会造成输出效率的低下，甚至会发生打印错

误。过度复杂的路径对象，通常是导致打印问题的主因。我们知道路径的复杂度是由其所包含的区段以及锚点数量来决定的，路径越复杂，印刷的时间就越长。因此本章的最后一节，将为大家介绍两种常使用到的提高打印效率的方法。

1. 简化路径

当文件中包含着过于复杂的路径时，文件打印的效率会相当低下，甚至会收到打印机的 limit-check 信息导致无法打印。可以利用"文档设置"对话框中的"拆分长路径"（Split Long Paths）选项来将过长而复杂的路径，分解为数个较简化的子路径。选中该复选框后，我们可以利用剪刀工具将复合路径或蒙版等较为复杂的路径对象进行分割，简化其复杂度。不过，必须先解除这些对象的复合以及蒙版属性，才可以进行这种操作。

一般情况下，钢笔工具所绘制出的图形，其节点数都会比铅笔等工具要少许多。所以，如果可能的话尽量用钢笔工具进行绘制，不但可以降低系统的负担，其曲线效果也会较为圆滑。

2. 改变分辨率

一般而言，当 Illustrator 2020 使用默认的输出分辨率 800dpi 进行打印输出时，会是速度最快而且品质较好的一个选择。但是在某些情况下，我们可能需要降低分辨率，比如曲线过长、节点数过多或者是打印速度过慢等。

在输出过程中，Illustrator 2020 的 PostScript 解译器会以小线条区段来定义线条稿中的曲线，区段越小，曲线便会越精细，但是区段的总量也会越多。因此适当降低分辨率，虽然会造成曲线不精确，但是区段的总量也会越多，有助于提高打印效率。

普通的输出作品，其分辨率只需要 300dpi 便已足够。

9.3.2　印前输出前必须注意的问题

（1）文件中链接图像的模式必须为 CMYK 模式，最小精度为 300dpi × 300dpi。

（2）检查出版物中文字是否为四色字，如果是，将其改为单色 100% 黑。

（3）字体要尽量采用常用字体，如方正、文鼎，尽量不使用少见字体。

（4）要确认是否有文件中所使用的字体，如果没有则需要携带。

（5）字体如无特效处理，建议转为曲线或路径，这样可保证字体的万无一失。（注：如果转成路径或曲线，可能会在屏幕上走样，但并不影响输出）这样就可避免因输出中心无此种字体而无法输出的问题。如有补字文件，必须将补字文件一并拷贝。

（6）要明确告之印刷物的成品尺寸、印量、印刷用纸等，以方便拼版和挂网。

（7）图形存储时应检查色彩模式是不是 CMYK 模式，以避免颜色偏差。

（8）在输出前要检查链接文件，如有改动要及时更改链接信息。

（9）文件较大的图像须存储为 EPS 格式，如果将其置入 CorelDRAW，应先裁切和旋转后再置入。

（10）图像如为 TIFF 格式，存储前要删除不必要的通道、路径，建议不要存储为 LZW 压缩格式。

（11）文件较大的 TIFF 格式图像置入 Illustrator 2020 时，易产生拉伸变形现象，应存储为 EPS 或 DCS 格式。

（12）如使用EPS DCS1.0 2.0格式或PS IMAGE格式需提示输出中心。

（13）渐变处理在桌面系统中效果不理想，在制作时最好能在Photoshop的滤镜中加3～4个杂点。

（14）在输出时需提示输出中心是否有较深颜色的大面积渐变（红、黄、黑）。

9.3.3　网络发布注意事项

（1）要确认制作的图形分辨率为72dpi。

（2）检查图形的色彩模式是不是RGB模式。

（3）图形设计时色彩须完全使用网络安全色，以避免颜色偏差。

（4）在输出前要检查链接文件，如有改动要及时更改链接信息。

（5）图像应存储为Jpg、Gif或Png格式。

（6）请将网络发布的作品的文件名使用字母或数字。

9.4　本章回顾

绝大部分的作品都需要经过输出这个步骤，才得以呈现在众人的眼前，但是未经分色制版的图像，效果往往不是很理想，而且在大量印刷时也很浪费。因此在本章中，介绍了如何使用Illustrator 2020来设置分色。一般来说，作品设计完成后，所要进行的印前设置的步骤可以概括为如下6个不同的步骤，这也是本章的重点。

（1）屏幕校色。

（2）叠印设置（非必需）。

（3）制作裁切线。

（4）打印分色。

（5）打印选项详解。

（6）打印输出。

而网页设计流程也大致分为5个步骤：

（1）构思页面。首先要确定页面的基本尺寸和方向，确定网页的主题和内容。

（2）设计基本框架。使用Illustrator 2020的绘图工具初步设计出网页的基本布局。

（3）创建基本元素。无论设计一个完整的网站，还是一个具体的页面，都要尽量减小页面中的每一个元素的大小，所以要将重复使用的图形元素创建为符号，使文件大小保持在较小的尺度。

（4）深化设计。使用Illustrator 2020设计网页时，可以使用动态数据驱动图形快速创建富于变化的艺术品。还可以使用"像素预览"模式来预览矢量元素被栅格化后的效果。

（5）制作Web页面。要将所绘内容完美地展现在Web页面上，需把不同的格式和压缩选项应用到基于物体的切片上，以达到最佳效果。在这里可以用CSS层来输出优化的HTML文件，也可创建包含"循环"的直接用于Web的Flash（SWF）文件，或者存储为可以在Illustrator 2020中打开、编辑的SVG文件。

第 10 章

基础案例综合演练

本章主要内容与学习目的

- 熟悉基础绘图工具的应用
- 熟悉混合工具的使用
- 熟悉 Illustrator 2020 钢笔工具和画笔面板的综合使用
- 熟悉 Illustrator 2020 的模糊效果的使用
- 掌握多重复制的方法
- 熟悉蒙版的使用
- 掌握面板与工具的综合应用
- 学习卡通图形的绘制
- 掌握四方连续图案的绘制方法
- 掌握玻璃物体的绘制技巧

10.1 复杂曲线轨迹图形

本例为复杂曲线轨迹图形的制作。

操作详解：

（1）执行"文件"｜"新建"命令或单击启动界面中的"创建"按钮，在打开的"新建插图"对话框中进行页面设置。设置完毕，单击"创建"按钮创建文档。先用钢笔工具画出一条基本的曲线，如图10-1所示。在"画笔"面板中将曲线的宽度设置为3pt，单击填色▢按钮将颜色设置为黄色。

（2）确保曲线处于选中状态，选中工具箱中的旋转工具，按住Alt键在曲线的一个端点上单击，在弹出如图10-2所示的对话框中设置旋转的角度，然后单击复制，效果如图10-3所示。

图 10-1   图 10-2   图 10-3

（3）按住"Alt+D"键不放，进行重复的复制，可得到如图10-4、图10-5所示的效果。

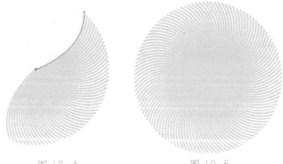

图 10-4   图 10-5

（4）选中工具箱中的星形工具☆，在页面上绘制一个五角星，设置画笔的宽度为2pt，画笔的填色为红色，如图10-6所示。选中工具箱中的变形工具▬，按住鼠标左键在五角星的五个锚点上绕一周对五角星进行扭转操作，效果如图10-7所示。

图 10-6　　　　　　　　　　　　　　　图 10-7

（5）选中工具箱中的椭圆工具 ，按住 Shift 键在页面上单击并拖动绘制一个圆形，设置画笔的宽度为 2pt，画笔的填色为黄色，如图 10-8 所示。

（6）分别选中两个图形，打开对齐面板单击"水平居中对齐"和"垂直居中对齐"按钮，使两个图形以中心点为居中点对齐，效果如图 10-9 所示。

图 10-8　　　　　　　　　　　　　　　图 10-9

（7）执行"对象"｜"混合"｜"混合选项"命令，打开如图 10-10 所示的对话框，设置指定步骤为 20，然后单击"确定"按钮。选中两个图形，单击"对象"｜"混合"｜"制作"，效果如图 10-11 所示。

图 10-10

图 10-11

187

10.2 卡通造型——香甜可口的葡萄

本例绘制一幅卡通图形——香甜可口的葡萄。

训练目的：熟悉椭圆工具、钢笔工具、混合工具和蒙版的使用，掌握运用混合工具制作更加自然的渐变图形的技巧。

操作详解：

（1）执行"文件"|"新建"命令，在打开的"新建插图"对话框中进行如图10-12所示的页面设置。设置完毕单击"创建"按钮创建文档。

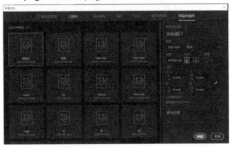

图10-12

（2）原始轮廓的绘制。选择工具箱中的钢笔工具，在页面中通过锚点绘制一个原始轮廓。为了便于掌握操作要领和钢笔工具的熟练使用，故分步绘制，效果如图10-13所示。

图10-13

（3）用工具箱中的"选取工具"选取，使之处于选中状态。单击工具箱中的填色按钮进行颜色填充，设置填色为"黑色"，描边填充为"无"，填充后的效果

如图10-14所示。

（4）葡萄的绘制。选择工具箱中的椭圆工具，在页面中拖出一个椭圆和一个圆形（按住"Shift"键不放，在页面中拖动椭圆工具即可得到圆形），圆形要尽量小并放在椭圆上层的适当位置，如图10-15所示。

（5）分别为椭圆和圆形进行颜色填充。填色分别为C：15、M：60、K：15和白色，画笔填充都为"无"，效果如图10-16所示。

图10-14   图10-15   图10-16

（6）制作混合效果。单击"对象"|"混合"|"混合选项"命令，在打开的"混合选项"对话框中设置选项参数，如图10-17所示。

（7）单击"对象"|"混合"|"建立"命令，或单击工具箱中的混合工具按钮，在页面中先单击椭圆的边缘接着单击圆的边缘，效果如图10-18所示。

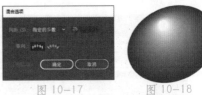

图10-17   图10-18

（8）这样看上去的葡萄的颗粒的效果还不够真实。接着单击"对象"|"混合"|"扩展"命令，此时混合图形的每一步过渡图形都被拆分，并处于被选中状态。在图形上单击鼠标右键，在弹出的如图10-19所示的快捷菜单中单击"取消组

合"命令。

（9）使用选取工具在图10-20所示位置选取，单击工具箱中的填色□按钮将其填充为C: 15、M: 60、K: 15，描边填充为"无"，填充后的效果如图10-21所示。

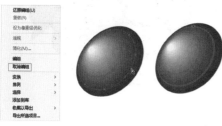

图10-19　　图10-20　　图10-21

（10）选择工具箱中的混合工具 按钮，在页面中单击如图10-22所示的位置，接着再单击中间的白色圆，效果如图10-23所示。

图10-22　　　图10-23

（11）再一次为图形进行混合操作，先用混合工具 单击如图10-24所示的位置，然后再单击如图10-25所示的位置，其效果如图10-26所示。

图10-24　　图10-25　　图10-26

> **注意：** 如果觉得效果不满意，可以在步骤（9）中将选择的图形范围缩小一些，重复操作，直到效果满意为止。

（12）中绘制好的葡萄图形并复制一个，单击工具箱中的钢笔工具 按钮，在复制的葡萄图形上描出路径并调整合适的位置，如图10-27所示。

（13）选择葡萄图形和路径，单击"对象"|"剪切蒙版"|"建立"命令，效果如图10-28所示。

（14）用同样的方法再制作12个大小、形状不同的葡萄，并将其适当地拼接、组合，放到原始轮廓上，效果如图10-29所示。这部分的绘制比较繁琐，需要耐心、仔细地绘制。

图10-27　　图10-28　　图10-29

（15）叶子的绘制。选择工具箱中的钢笔工具 按钮，在页面中绘制如图10-30所示的轮廓路径。选中轮廓路径将其填充为C: 40、Y: 100，轮廓设置为"无"，效果如图10-31所示。

图10-30　　　图10-31

（16）这时得到的图形并不太像叶子，接下来用钢笔工具 在图10-31所示的图形上绘制如图10-32所示的轮廓路径，将其填充为白色，轮廓颜色设置为"无"，效果如图10-33所示。

图10-32　　　图10-33

（17）用同样的方法绘制另一片叶子，效果如图10-34所示。

（18）将两片叶子拼放在原始轮廓上，因为原始轮廓的颜色为黑色，这里需要将两片叶子上的叶茎转换为黑色，效果如图10-35所示。

选择"编组"命令，将图形组合成一个整体，效果如图10-36所示。

图10-34　　　　　图10-35

（19）用选择工具  全部选中图形，单击鼠标右键，在弹出的快捷菜单中

图10-36

10.3 卡通人物绘制实例——小丑

本例绘制卡通人物——小丑。

操作详解：

（1）执行"文件"|"新建"命令，在打开的"新建插图"对话框中进行如图10-37所示的页面设置。设置完毕，单击"创建"按钮创建文档。

（2）原始轮廓的绘制。选择工具箱中的钢笔工具 ，在页面中通过锚点进行绘制，如图10-38所示（为了便于观察，设置画笔颜色为黑色，画笔粗细为0.5pt）。

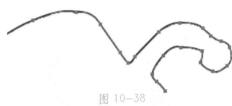

图10-38

（3）接着绘制（如果在此以前使用过其他的工具，此时只要再次单击工具箱中的钢笔工具，在页面上单击锚点即可），最后的效果如图10-39所示。

（4）用选取工具选择轮廓图，单击工具箱中的填色和描边按钮 ，设置填色为黑色、画笔颜色为"无"，进行颜色填充后的效果如图10-40所示。

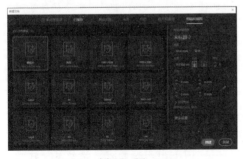

图10-37

图10-39　　　　　图10-40

（5）衣服的绘制。接下来的工作就是在图10-41所示的轮廓上绘制各个部分，最终组合成一个漂亮的卡通图形。选择工具箱中的钢笔工具通过锚点进行绘制，首先绘制卡通的衣服，为了便于观察理解，请参照图10-42所示，逐步进行绘制。

图10-41　　　　图10-42

（6）在保证轮廓被选择的状态下单击工具箱中的填色和描边按钮 ，设置填色为C: 20、Y: 100，画笔的颜色为"无"，填充后的效果如图10-43所示。为了让读者便于观察效果，把刚绘制的填充轮廓放到了原始轮廓上，效果如图10-44所示。

图10-43　　　　图10-44

（7）头部已经绘制完成，还缺一个帽子耳朵。选择工具箱中的钢笔工具，在页面上通过锚点绘制另一部分，如图10-45所示。同样的方法为轮廓填充颜色，并放到原始轮廓适当的位置，效果如图10-46所示。

图10-45　　　　图10-46

（8）面部的绘制。同样的选择钢笔工具在页面上通过锚点进行绘制，如图10-47所示。选中绘制好的轮廓进行颜色填充，同样选择填色□按钮，设置填充颜色为C: 60、M: 20、K: 20，描边颜色为"无"，将填充颜色的轮廓图形摆放在原始轮廓上，效果如图10-48所示。

图10-47　　　　图10-48

（9）绘制眼睛。用钢笔工具通过锚点绘制两个大小不同、近似于圆的轮廓，如图10-49所示。将两只眼睛的填充颜色设置为白色，画笔填充都为"无"。放到原始轮廓中适当的位置，效果如图10-50所示。

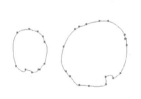 

图10-49　　　　图10-50

（10）绘制鼻子和嘴。同样用钢笔工具在页面上通过锚点绘制如图10-51所示的鼻子和嘴的轮廓，绘制完成后进行颜色填充，填充颜色设置为M: 60、Y: 100，画笔填充都为"无"，填充后的效果如图10-52所示。

图10-51　　　　图10-52

（11）绘制脸部。选择钢笔工具在页面上通过锚点绘制如图10-53所示的轮廓图形。在确保轮廓为选中的状态下进行颜色填充，设置填充颜色为M: 20、Y: 100，画笔填充为"无"，填充完颜色后的效果如图10-54所示。

（12）组合面部。选择各个图形部分进行如图10-55所示的效果进行组合。

图10-53　　　图10-54　　　图10-55

（13）鞋的绘制。选择钢笔工具在页面中通过锚点的方法绘制如图10-56所示的鞋的轮廓。接下来为鞋进行颜色填充，为了发挥卡通的作用故把鞋用三种颜色来加以填充；上面的填充颜色为白色，中间的填充颜色为：C: 60、M: 20、K: 20，下面的填充颜色为M: 80、Y: 100，所有的画笔填充都为"无"，填充后的效果如图10-57所示。

（14）将绘制好的鞋拼放在原始轮廓的适当位置，效果如图10-58所示。

图10-56　　　图10-57　　　图10-58

（15）手的绘制。选择工具箱中的钢笔工具在页面中通过锚点绘制如图10-59所示的手的轮廓。在确保轮廓为选中的状态下进行颜色填充，填充颜色设置为M: 20、Y: 40，画笔填充为"无"，填充后的效果如图10-60所示。

图10-59　　　　图10-60

（16）将手的轮廓图形拼放在原始轮廓的适当位置，效果如图10-61所示。

（17）现在效果仍不够理想。接下来就添加一些使卡通看上去更真实、更生动的东西，效果如图10-62所示。

（18）卡通已经绘制完成。接下来是收尾工作，为了便于以后的应用，把颜色一样的轮廓图形进行复合处理。方法为：选中相同颜色的轮廓图形，单击"对象" | "复合路径" | "制作"或在选中的轮廓图形上单击鼠标右键，在弹出的快捷菜单中选择"制作复合路径"。最后将整个轮廓图形进行组合。效果如图10-63所示。

图10-61　　　图10-62　　　图10-63

注意：在一个整体轮廓上绘制出一个形象生动的卡通，这种绘制方法的最大优点是在拼贴时不容易出现错位现象。本例在制作的过程中是每绘制一步，就将它拼放在原始轮廓上（这是为了让初学者更容易理解和学习此中绘制的方法）；也可以将所有的图形都绘制完再进行拼放，这样的好处是比较省时。最重要的是在作图前，要考虑好如何布局才能够使图形合理、有创意。

10.4　卡通场景绘制——古门

本例绘制卡通场景图形——古门。

操作详解：

（1）执行"文件"｜"新建"命令或单击启动界面中的"创建"按钮，在打开的"新建插图"对话框中进行如图10-64所示的页面设置。设置完毕，单击"创建"按钮创建文档。

（2）在颜色面板中设置填色，并设线条色为无色，如图10-65所示。

图10-66　　　　图10-67

图10-64　　　　图10-65

（3）使用矩形工具绘制天空，设宽为275mm，高为260mm。

（4）使用椭圆工具在天空上绘制出一个正圆，设填色为Y100。

（5）设置线条色，如图10-66所示。

（6）执行"窗口"｜"描边"命令，打开描边面板设置粗细的值为1，如图10-67所示。

（7）使用弧形工具，结合描边面板绘制出不同粗细的弧线，效果如图10-68所示。

（8）根据需要复制并调整线条。移动鼠标至选择框外，当鼠标显示为" "时，可旋转图形元素；显示为" "时，可缩放图形元素，如图10-69所示。

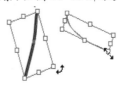

图10-68　　　　图10-69

（9）将所绘弧线组成图示树枝形状，效果如图10-70所示。

（10）将树枝放置到合适位置，效果如图10-71所示。

图 10-70　　　　　　图 10-71

（11）绘制院墙，设填色为C：2、M：7、Y：16、K：15，效果如图10-72所示。

图 10-72

（12）用直线段工具 ✎ 绘制直线段，构成屋脊。设线宽为3pt，线条色为C：5、M：5、Y：5、K：60，效果如图10-73所示。

图 10-73

（13）使用对齐面板，使屋脊之间距离相等，如图10-74所示。

图 10-74

（14）用弧形工具 ⌒ 绘制若干弧线，构成瓦片，在描边面板中设置粗细的值为1pt，颜色同屋脊，效果如图10-75所示。

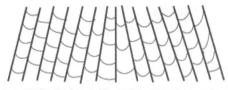

图 10-75

（15）用相同的颜色绘制两个矩形，完成整个屋檐的绘制，效果如图10-76所示。

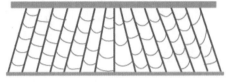

图 10-76

（16）用多个矩形构成大门和台阶，其设置如下。

填充C：8、M：10、Y：16、K：24，线条K70；

填充C：10、M：100、Y：100、K：40，线条K70；

填充C：5、M：5、Y：5、K：50，线条K100；

填充C：5、M：5、Y：5、K：60，线条K100；

填充C：5、M：5、Y：5、K：70，线条K100。

除了大门线宽为3pt，其余均为1pt，效果如图10-77所示。

图 10-77

（17）使用圆角矩形工具▭和椭圆工具⬭绘制门环附件，如图10-78所示。

填充C: 5、M: 15、
Y: 50， 线 条 K60
（1pt），直径 7mm

填充C: 10、M:
30、Y: 100，
直径 8mm

填充M: 20、
Y: 85、K: 5

填色与大门相同，线
条 M: 20、K: 70
（3pt），直径 5.7mm

图 10-78

（18）组成门环，并为门环添加高光，效果如图10-79所示。

（19）使用多边形工具⬡绘制一个正六边形的窗户。设线宽为10pt；填色为M: 20、Y: 50，线条色为C: 10、

M: 10、Y: 10、K: 60，效果如图10-80所示。

（20）使用矩形网格工具⊞绘制窗栅，设线条色与窗户相同，线宽为5pt，效果如图10-81所示。

图 10-79　　图 10-80　　图 10-81

（21）使用星形工具★在天空中添加星星，完成整幅图案的绘制，最终的效果如图10-82所示。

图 10-82

10.5　咖啡杯中仿佛水汽升腾的文字

本例制作仿佛水汽升腾状态的文字。

操作详解：

（1）创建一个名为"咖啡杯中仿佛水汽升腾的文字"的AI文档。在页面中使

用钢笔工具和椭圆工具绘画出咖啡杯的外形以及放杯子的盘子，将其填充为适当的颜色（比如杯口为G: 220、B: 255，杯身为: G: 230、B255，杯边为R: 180、G: 255）。可以从图10-83中看出其效果。

（2）绘制一个椭圆，置于杯子口以下的部分，作为杯内的咖啡饮料，效果如图10-84所示。需要注意的是各部分之间的层次关系。

图 10-83　　　　图 10-84

（3）用钢笔工具在杯口绘制四条开放的曲线路径，作为水汽升腾的"路线"。如图10-85所示，将曲线路径以虚线的形式来表示（至于虚线的设置，可以参考"画笔"面板中的"虚线"来加以设置）。

（4）选中工具箱中的文字工具中的路径文字工具，在页面上单击输入文字，如果对输入的文字不满意，还可以进行修改，直到满意为止。具体操作：首先选中输入的文字，然后在"字符"面板（如图10-86所示）中对文字进行调节，如字体、字号等。

图 10-85　　　　10-86

（5）选取其中的一条曲线，选取文字工具，接着在曲线上单击并把输入好的文字粘贴过来（文字的方向与曲线绘制时的方向有关），效果如图10-87所示。用同样的方法把其他三条曲线也赋予文字效果，如图10-88所示。

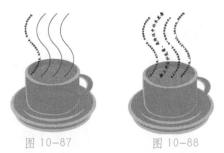

图 10-87　　　　图 10-88

（6）也可以首先用钢笔工具绘制一条曲线，选取文字工具在曲线上单击确定输入的位置，如图10-89所示，接着输入需要的文字，效果如图10-90所示。

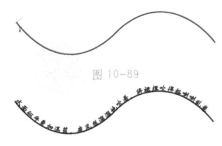

图 10-89

图 10-90

（7）从图10-88中可以看出文字有小有大，其原因是文本太多，在曲线上排不下，造成多余的文字不能显示。有一种方法可以调整曲线，方法很简单，只要选择曲线（或路径）上的节点就可以对其进行调整。调整后的效果如图10-91所示。

图 10-91

（8）可以对曲线上的文字进一步编辑：单击曲线，单击工具箱中的倾斜工具，在弹出的对话框中进行设置，具体设置如图10-92所示，字符路径的趋势发生垂直方向的倾斜，这里产生的是一种有趣的三维效果，效果如图10-93所示。

图 10-93

图 10-92

（9）如果在步骤（8）中单击的是曲线和文本，则效果就会有所变换，效果如图10-94所示。

（10）用文字工具 T 将经过杯子内部的文字选出，将它们的颜色改为白色，最后的效果如图10-95所示。

图 10-94　　　　图 10-95

10.6　瓶中花

本例绘制插入瓶中的郁金香。

10.6.1　建立页面

操作详解：

（1）执行"文件"|"新建"命令或单击启动界面中的"创建"按钮，在打开的"新建插图"对话框中进行如图10-96所示的页面设置。

（2）设置完毕，单击"创建"按钮创建文档。

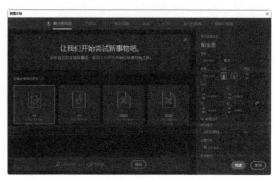

图 10-96

10.6.2　绘制花朵

操作详解：

（1）使用钢笔工具![钢笔]绘制花瓣的路径，填色为M：10、Y：100，边线为空，如图10-97所示。

（2）使用网格工具![网格]为花瓣添加渐变网格，如图10-98所示。

（3）将选中节点填充为白色，效果如图10-99所示。

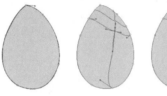

图10-97　　　图10-98　　　图10-99

（4）继续在花瓣上添加网格点。

（5）将边缘部位填充为较深的颜色，如图10-100所示。

（6）继续调整花瓣细节部分的颜色直至满意为止，如图10-101所示。

（7）将花瓣底部的节点选中，填充为深绿色，做成花蒂的颜色，如图10-102所示。

图10-100　　　图10-101　　　图10-102

（8）再绘制一个花瓣，并填充成与上个花瓣相同的颜色，如图10-103所示。

（9）将花瓣变成网格填充对象，如图10-104所示。

（10）将中间部分填充成较深的颜色，边缘部分稍亮，效果如图10-105所示。

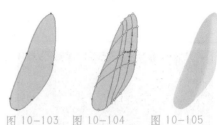

图10-103　　图10-104　　图10-105

（11）执行"对象"｜"变换"｜"镜像"命令，弹出镜像窗口，如图10-106所示。设置镜像模式为"垂直"。

（12）单击"复制"按钮，复制出一个花瓣，并与原花瓣水平镜像，效果如图10-107所示。

图10-106　　　　　图10-107

（13）将两个花瓣放置在第一个花瓣的后面，并调整到适合位置，完成一个花朵的制作，效果如图10-108所示。

图10-108

（14）绘制出第二个花朵的花瓣路径，如图10-109所示。将它们变为网格填充对象，如图10-110所示。

（15）将花瓣组合在一起，完成第二朵花的制作，效果如图10-111所示。

图10-109　　　　图10-110　　图10-111

10.6.3　绘制叶子

操作详解：

（1）使用钢笔工具绘制两片叶子轮廓路径，将它们填充为C：100、M：20、Y：100、K：20，如图10-112所示。

（2）将两片叶子变为网格填充对象。

> **注意：**制作的时候并不需要一次建立完所有的网格点。过多的网格点通常不利于颜色的调配。

（3）设置叶子各部分网格点的颜色，使之具有立体感，效果如图10-113所示。

图10-112　　　　　　图10-113

10.6.4　绘制花茎

操作详解：

（1）使用钢笔工具绘制一条曲线，设宽度为8pt，轮廓色为C：100、M：20、Y：100、K：20，如图10-114所示。

（2）执行"编辑"｜"复制"和"编辑"｜"贴在前面"命令。

（3）在描边面板中设置线宽为0.5pt，在颜色面板中设置轮廓色为C：60、Y：80、K：20。

（4）选取两根曲线，执行"编辑"｜"混合"｜"混合选项"命令，弹出"混合选项"对话框，选择"间距"下拉列表中的"指定的步数"，设置其值为100。然后单击"确定"按钮。

（5）执行"对象"｜"混合"｜"建立"命令建立混合，效果如图10-115所示。

（6）将制作完成的花茎、花朵和叶子组合成适合形态，组合后的效果如图10-116
所示。

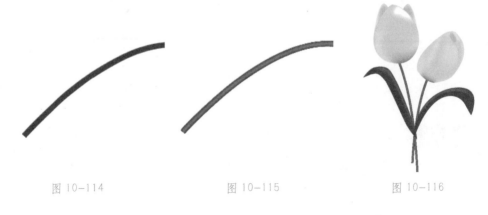

图10-114   图10-115   图10-116

10.6.5 绘制花瓶

操作详解：

（1）绘制花瓶的路径，设填色为C：20，边线为空，如图10-117所示。

（2）建立渐变网格，并设置高光和阴影区域，使之具有质感。

（3）绘制一个椭圆，并调节为适合瓶口大小，设填色为C：60，K：20。

（4）将椭圆变成渐变网格对象，并调配颜色，效果如图10-118所示。

（5）将郁金香插到花瓶中（椭圆需置于花束的后面）的效果如图10-119所示。

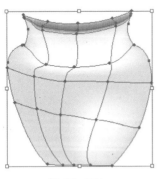      

图10-117   图10-118   图10-119

10.7 制作台历

本例制作台历图形。

操作详解：

（1）执行“文件”|“新建”命令或单击启动界面中的“创建”按钮，在打开的“新建插图”对话框中进行如图10-120所示的页面设置。设置完毕，单击“创建”按钮创建文档。

（2）绘制一个页面宽度的深蓝色C：100、M：80、K：30矩形作为日历底板，并在上面添加一个合适大小的白色圆角矩形，完成整个台历的主体框架，如图10-121所示。

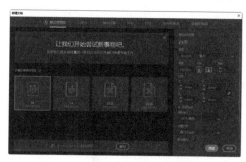

图 10-120

图 10-121

（3）键入“星期”和“日期”且在每个文字和数字之前都单击Tab键，效果如图10-122所示。

（4）分别设定“星期”（隶书、28）和“日期”（黑体、27）的字体、字号。

（5）调整到适合的行距，并将假期调整为大红色，效果如图10-123所示。

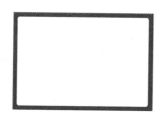

日	一	二	三	四	五	六
			1	2	3	4
5	6	7	8	9	10	11
12	13	14	15	16	17	18
19	20	21	22	23	24	25
26	27	28	29	30	31	

图 10-122

日	一	二	三	四	五	六
			1	2	3	4
5	6	7	8	9	10	11
12	13	14	15	16	17	18
19	20	21	22	23	24	25
26	27	28	29	30	31	

图 10-123

（6）打开制表符标尺，设定七个中间对齐的制表位，并调整每个制表位到合适位置。

（7）键入“年份”，并改变“癸未年”的宽高比，如图10-124所示。

（8）选取合适的字体、字号键入月份，设颜色为黑色。

（9）复制步骤（8）生成的文字对象，调整颜色为浅灰并设置后，产生阴影颜色，效果如图10-125所示。

（10）在合适的位置绘制两条50％灰度的直线作为装饰和隔断，效果如图10-126所示。

图10-124   图10-125    图10-126

（11）执行"文件"｜"置入"命令，置入光盘文件"瓶中花.png"，将其放在合适位置，效果如图10-127所示。

图10-127

（12）在台历底板的两头绘制两个同样大小的圆圈，使它们在同一水平线上，如图10-128所示。

图10-128

（13）执行"编辑"｜"混合"｜"混合选项"命令，弹出"混合选项"对话框，选择"间距"下拉列表中的"指定的步数"，设置其值为8，然后单击"确定"按钮。执行"对象"｜"混合"｜"建立"命令，使两个圆圈发生混合。

（14）参照步骤（12）（13）完成连接环的制作，效果如图10-129所示。

图10-129

（15）添加"记事"栏，完成整个台历的制作，最终的效果如图10-130所示。

图 10-130

10.8 童话中的海底世界

本例绘制具有童话色彩的海底世界图像。

10.8.1 制作海洋背景

操作详解：

（1）执行"文件"|"新建"命令或单击启动界面中的"创建"按钮，在打开的"新建插图"对话框中进行如图10-131所示的页面设置。设置完毕，单击"创建"按钮创建文档。

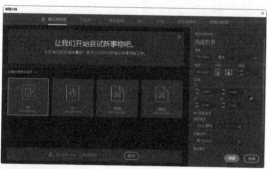

图 10-131

注意： 由于制作海洋背景需使用滤镜功能，所以要将色彩模式设为 RGB 模式。

（2）键入文件名"海底世界"。

（3）单击"确定"建立一个空白文档。

（4）执行"视图"|"隐藏打印拼贴"命令隐藏打印边框。

（5）使用矩形工具 绘制一个页面大小的矩形，填充白－浅蓝－深蓝的渐变，设置如图10-132所示。

（6）使用渐变工具 ▦ 调整渐变方向，使高光区域在右上角，如图10-133所示。

图 10-132　　　　　　　　　　　　　　　图 10-133

（7）双击图层面板中的"图层1"图层，在弹出的"图层选项"对话框中将图层名称设为"海洋"，如图10-134所示。

（8）选取图形元素，执行"对象"｜"栅格化"命令，弹出"栅格化"对话框，如图10-135所示。

 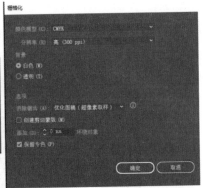

图 10-134　　　　　　　　　　　　　　　图 10-135

（9）设置转换参数。

> **注意：** 如只需屏幕显示，分辨率选择72即可，使处理速度较快。

（10）单击"确定"，将图形转换为位图。

（11）执行"效果"｜"扭曲和变换"｜"波纹"命令，使平滑的渐变色产生波浪效果，设置如图10-136所示。

图 10-136

10.8.2　绘制海底礁石

操作详解：

（1）建立一个新图层"石头"，并将"海洋"图层锁定。

（2）使用钢笔工具 在新建图层上绘制三个石块的外形轮廓，并填充为黑色，如图 10-137 所示。

（3）使用网格工具 在石块上创建渐变网格。

（4）将高光部分网格点颜色变浅，使石块产生立体效果。

（5）以同样的方法处理另外两块石头，使它们产生需要的立体效果，图形效果如图 10-138 所示。

 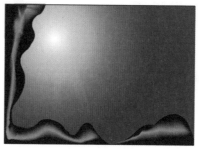

图 10-137　　　　　　　　　　　　　　　图 10-138

10.8.3　绘制水母

操作详解：

（1）建立新图层"水母"，并使用椭圆工具 在该图层上绘制一个白色的椭圆，如图 10-139 所示。

（2）选择椭圆，执行"编辑"｜"复制"，"编辑"｜"贴在前面"复制一个椭圆到原图形的上方。

（3）使用选择工具 拖动选择椭圆上面的节点，向上拖动，如图 10-140 所示。

（4）执行"编辑"｜"混合"｜"混合选项"命令，弹出"混合选项"对话框，如图 10-141 所示。

（5）选择"间距"下拉列表中的"指定的步数"，设置其值为 8。

（6）单击"确定"按钮。

（7）选择两个图形，执行"编辑"｜"混合"｜"建立"命令生成混合图形，完成水母头部外表面的制作，效果如图 10-142 所示。

图 10-139　　　　图 10-140　　　　　　　　図 10-141　　　　图 10-142

205

（8）在水母头部的中间画一条白色直线，如图10-143所示。

（9）选择直线，按住"Alt"键的同时使用旋转工具在空白处单击。

（10）在弹出的"旋转"对话框中设置旋转角度为3。

（11）单击"复制"按钮旋转并复制图形元素。

（12）连续地按"Ctrl+D"键，产生效果如图10-144所示。

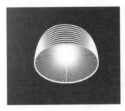

图10-145　　　　图10-146

（18）选择两条曲线，执行"编辑"|"混合"|"建立"命令，完成一组触须的制作，效果如图10-147所示。

（19）以同样的方法制作出其他触须，并将所有元素成组，效果如图10-148所示。

图10-143　　　　图10-144

（13）利用图层面板选取全部直线，执行"对象"|"编组"命令将它们成组。

（14）复制步骤（1）中所绘椭圆，执行"编辑"|"贴在前面"命令将它粘贴到前面。

（15）选取步骤（14）生成的椭圆和群组的直线，执行"对象"|"蒙版"|"建立"命令创建蒙版，完成整个水母头部的制作，效果如图10-145所示。

（16）在图层面板底部单击创建新子图层按钮建立一个子图层"触须"。

（17）使用钢笔工具随意绘制两条白色曲线，并将线宽设为0.5pt，如图10-146所示。

图10-147　　　　图10-148

（20）将水母放于合适的位置，并调整透明度为80%。

（21）复制一个较小的水母，设透明度为16%。最终的效果如图10-149所示。

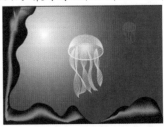

图10-149

10.8.4　绘制海洋生物

操作详解：

（1）建立新图层"海洋生物"以及它的子图层"海草"。

（2）使用钢笔工具绘制海草的轮廓，如图10-150所示。

（3）将海草填充为黄绿C：30、Y：100至深绿C：100、M：25、Y：100、K：10的线型渐变。

（4）选取海草，单击"符号"面板中的"新建"按钮将海草建立为新的符号。

（5）使用符号喷枪工具在符号面板中单击"新符号"在礁石上喷出海草群，如图10-151所示。

（6）创建新的子图层"海星"，如图10-152所示。

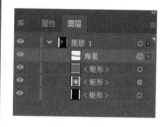

图10-150　　　　　　图10-151　　　　　　图10-152

（7）使用星形工具绘制一个五角星。

（8）执行"效果"|"风格化"|"圆角"命令，设圆角半径为3mm，将图形圆角化。

（9）将星形填充为红色M：100、Y：100、K：10，旋转至适当角度，并使用"对象"|"旋转"命令在中心生成一个30%大小的复制图形元素，填充成深红色C：30、M：100、Y：100、K：20。

（10）选定两个星形图案，执行"编辑"|"混合"|"混合选项"命令，弹出"混合选项"对话框，选择"间距"下拉列表中的"指定的步数"，设置其值为100。然后单击"确定"按钮将两个星形混合，完成海星的制作，效果如图10-153所示。

（11）参照步骤（4），将制作完成的海星创建为新的符号。

（12）使用符号喷枪工具在符号面板中单击"新符号"在礁上喷出海星，并使用符号着色器工具和符号缩放器工具调整海星的色彩和大小，效果如图10-154所示。

图10-153　　　　　　图10-154

（13）创建新的子图层"珊瑚"。

（14）使用钢笔工具绘制珊瑚的轮廓，并填充线型渐变色金黄-大红-深棕，如

图10-155所示。

(15)复制并调整珊瑚的大小,将其放至合适位置。

(16)绘制小鱼图形,设置填色为C:100、M:60、Y:30、K:20,透明度为65%,并将它定义为符号。

(17)执行"窗口"|"符号库"|"自然"命令打开"自然"符号库,使用其中的热带鱼符号及新建的小鱼符号在新图层"鱼"上喷出鱼群,并适当调整大小,效果如图10-156所示。

图 10-155

图 10-156

(18)使用钢笔工具 在新图层"美人鱼"上绘制美人鱼的轮廓,并填充与海洋相同的渐变色,效果如图10-157所示。

(19)分别选取鱼群和美人鱼,执行"效果"|"风格化"|"羽化"命令,使图形边缘变得比较柔和,效果如图10-158所示。

图 10-157

图 10-158

10.8.5 完成海底世界的绘制

操作详解:

(1)创建新图层"光线"。

（2）使用光晕工具 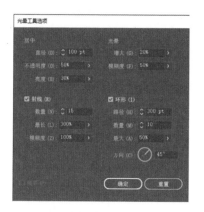 在页面上单击，在弹出的"光晕工具选项"对话框中进行如图10-159所示的参数设置，设置完毕后单击"确定"按钮。

（3）将新创建的光晕图形移至画面的左上角，如图10-160所示。

图 10-159　　　　　　　　　　　　　　　　图 10-160

（4）使用选择工具 选取最外面两个光圈，将它们删除。

（5）选取光晕图形，执行"对象"｜"扩展"命令将光晕图形展开，使它可以被编辑。

（6）将光晕图形的透明度设为60%，使光线变得更加自然。

（7）完成整个绘制过程，最终的效果如图10-161所示。

图 10-161

10.9　玻璃与织物——仿真绘画

10.9.1　四方连续图案概念和玻璃物体的绘制原则

本节所要绘制的是摆放在具有四方连续图案的织物上的玻璃体静物。所谓四方连续图案，就是以一个基本单元纹样向四周选中重复排列、连贯延伸并可向外无限扩展的纹样。四方连续图案在日常生活中应用十分广泛，如服装的面料设计、桌布、地毯、墙纸的图案设计等。

玻璃物体的表现原则如下：

（1）首先要确定玻璃物体的轮廓，也就是组成玻璃物体部分的边缘线。

（2）上色时，要注意玻璃的透明属性，为了易于表现玻璃的透明度，最好将玻璃物体衬于暗色或色彩丰富的背景之上。

（3）在描绘玻璃物体的反光和暗部时，要注意背景色对玻璃物体的影响。

（4）玻璃物体的高光部分应表现得比较尖锐，应使用白色表现高光点。

10.9.2 新建文件

操作详解：

（1）启动Illustrator 2020，选择界面中的"自定义大小"类别，在弹出的"新建文档"对话框中选择"打印"，然后选择A4空白文档预设，在标题栏中输入文件名称"玻璃与纺物"，其他参数设置如图10-162所示。

（2）设置完毕，单击"创建"按钮创建文档。

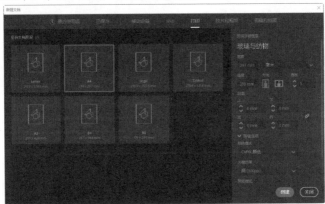

图 10-162

10.9.3 绘制织物图案

操作详解：

（1）首先来绘制织物上的四方连续图案。选择工具箱中的钢笔工具，在页面中通过描点的方法绘制图10-163所示的单独纹样。

（2）选择工具箱中的选择工具，将绘制的图形选中，然后使用复制和反转的方法来组织一个四方连续图案，如图10-164所示。

图 10-163　　　　　　　　　　　图 10-164

10.9.4　给织物上色

操作详解：

（1）选择工具箱中的矩形工具□，在页面中绘制一个与页面大小相同的矩形，然后设置其填色为C：0、M：50、Y：100、K：0，填色后的效果如图10-165所示。

图 10-165

（2）确认填色后的矩形处于选中状态，然后单击鼠标右键，在弹出的快捷菜单中依次选择排列 | 置于底层命令，如图10-166所示，将其排列在织物图案下。

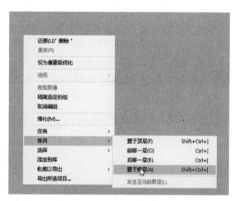

图 10-166

（3）使用选择工具▶选中前面绘制的四方连续图案，然后将其大小调整为和矩形相符，调整后的效果如图10-167所示。

（4）为图案上色。确认调整后的四方连续图案处于选中状态，然后设置其填色为C：17、M：88、Y：89、K：0，设置描边颜色为C：27、M：94、Y：94、K：26，填色后的图形效果如图10-168所示。

图 10-167

图 10-168

（5）确认填色的四方连续图案处于选中状态，然后选择工具箱中的倾斜工具 ，对选中的图形进行倾斜操作，如图10-169所示。

倾斜后的图形效果如图10-170所示。

图 10-169

图 10-170

10.9.5　制造织物的局部变形

操作详解：

（1）选择工具箱中的选择工具 ，使用框选的方法将织物图案与矩形全部选中后，单击鼠标右键，在弹出的快捷菜单中选择"编组"命令，将织物图案与矩形成组。

（2）选择工具箱中的变形工具 ，对织物的外延进行变形处理，其效果如图10-171所示。

图 10-171

10.9.6 绘制玻璃酒杯

操作详解:

（1）执行"窗口"｜"图层"命令，打开图层面板，在该面板中新建一个图层。然后在新建的图层上双击鼠标，在弹出的图层选项对话框中设置名称为"酒杯"，如图10-172所示，图层新建完成后的图层面板效果如图10-173所示。

图 10-172   图 10-173

（2）玻璃杯造型的绘制。选择工具箱中的椭圆工具，在页面中绘制一个大小合适的椭圆图形，如图10-174所示。

（3）选择工具箱中的旋转工具，在图形上单击并对其进行相应的位置调整，如图10-175所示。

（4）使用钢笔工具在椭圆上合适的位置处单击为该图形添加锚点，然后使用选择工具对椭圆图形上的锚点进行相应的调整，调整后的效果如图10-176所示。

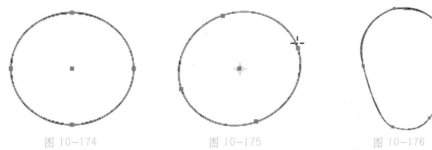

图 10-174   图 10-175   图 10-176

（5）使用椭圆工具，在页面中合适的位置处绘制一个大小合适的椭圆图形，其效果如图10-177所示。

（6）使用椭圆工具，在页面中合适的位置处再绘制一个大小合适的椭圆图形。然后在图层面板中将该图形的排列顺序移到前两个图层的下面，接着使用旋转工具对其进行相应的位置调整，如图10-178所示，调整后的图形效果如图10-179所示。

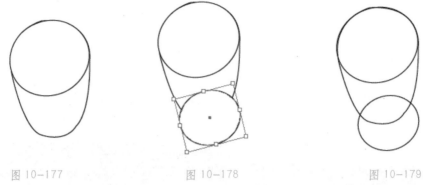

图 10-177　　　　　　　　　图 10-178　　　　　　　　　图 10-179

（7）使用椭圆工具 ，在页面中合适的位置处绘制一个大小合适的椭圆图形，其效果如图10-180所示。

（8）在图层面板中，将绘制的酒杯轮廓的各部分新建图层，并将对应轮廓复制到图层中，其效果如图10-181所示。

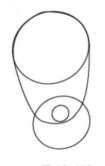
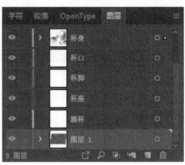

图 10-180　　　　　　　　　图 10-181

（9）使用选择工具 ，选中绘制好的两个酒杯，然后将其移至织物上合适的位置处并进行等比例大小调整。

（10）使用选择工具 ，选中纺物，然后使用"对象"｜"锁定"｜"所选对象"命令，如图10-182所示，将选中的织物锁定。其目的是为了在织物图形进行其他图形操作时不影响织物图形。

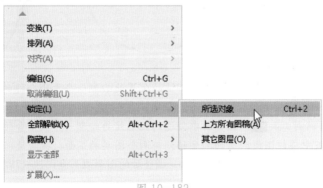

图 10-182

（11）使用选择工具 ，分别选中如图10-183所示的三个椭圆图形。然后设置其填色均为白色，接着在描边面板中分别设置各个椭圆（其顺序为从上到下）的画笔的粗细值为2pt、0.25pt和4pt。设置完成后的图形效果如图10-184所示。

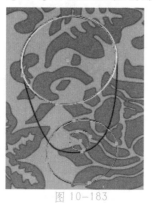
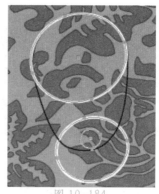

图 10-183　　　　　　　　图 10-184

（12）使用"窗口"｜"画笔"命令，打开画笔面板。然后选中小的椭圆图形，在画笔面板中选择如图10-185所示的画笔样式，应用画笔后的图形效果如图10-186所示。

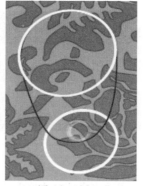

图 10-185　　　　　　　　图 10-186

（13）选中除最大椭圆图形外的三个椭圆图形，接着双击工具箱中的渐变工具 ，在弹出的"渐变"面板中设置其渐变色为从白色到C：95、M：95、Y：0、K：0之间的渐变，其他设置如图10-187所示。然后将选中的图形进行渐变填充，填充渐变色后的图形效果如图10-188所示。

（14）使用"窗口"｜"透明度"命

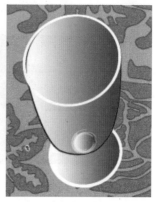

图 10-187　　　　　　　　图 10-188

令，打开透明度面板。然后使用选择工具 选中两个渐变色图形，在透明度中设置混合
模式为"饱和度"，如图10-189所示。应用混合模式后的图形效果如图10-190所示。

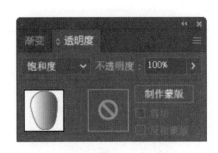

图 10-189　　　　　　　　　　　　图 10-190

（15）选中小椭圆，在透明度中设置混合模式为明度，不透明度为90%，如图10-191
所示。应用混合模式后的图形效果如图10-192所示。

图 10-191　　　　　　　　　　　　图 10-192

（16）选中笔画颜色为白色的椭圆图形，在透明度中设置混合模式为饱和度，如图
10-193所示。应用混合模式后的图形效果如图10-194所示。

图 10-193　　　　　　　　　　　　图 10-194

（17）使用选择工具 ，选中另一个杯子的杯口，按住Alt键并拖动鼠标，复制一个副本到图10-194所示的杯口上，如图10-195所示。然后设置其笔画颜色为白色，其效果如图10-196所示。

图 10-195

图 10-196

（18）使用选择工具 ，选中另一个杯子的杯身，如图10-197所示。接着选择工具箱中的剪刀工具 ，在选中的图形上合适的位置处开剪，使其剪出如图10-198所示的效果。

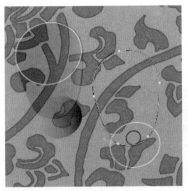
图 10-197

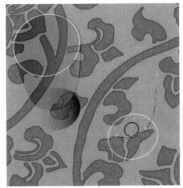
图 10-198

（19）确认裁剪后的图形处于选中状态，然后在描边面板中设置画笔的粗细值为0.25pt，在画笔面板中选择一种合适的画笔样式，如图10-199所示，应用画笔后的图形效果如图10-200所示，并将该图形移到图形合适的位置处。

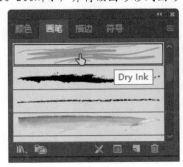
图 10-199

图 10-200

（20）同样，将另一个杯子的剩下椭圆进行相应的设置，其效果如图10-201所示。使用选择工具 ，选中另一个组成杯子的小椭圆图形，设置画笔颜色为C：50、M：13、Y：0、K：0，设置画笔的粗细值为0.25pt，如图10-202所示。然后将其移动到原杯子图形上合适的位置处，其效果如图10-203所示。

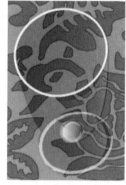
图 10-201

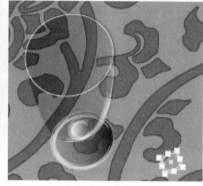
图 10-202

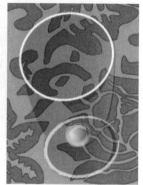
图 10-203

（21）使用钢笔工具 ，在页面中合适的位置处通过锚点的方法绘制一个闭合路径，如图10-204所示。然后设置描边颜色为白色，画笔的粗细值为5pt，填色为白色。其中，还可以使用"效果"｜"风格化"｜"外发光"命令，其参数设置如图10-205所示。应用以上设置后的图形效果如图10-206所示。

图 10-204

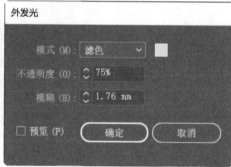
图 10-205

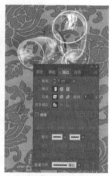
图 10-206

（22）设置描边和填色均为白色，然后使用钢笔工具 ，在页面中合适的位置处绘制一个闭合路径，如图10-207所示。在透明度面板中设置该图形的混合模式为"饱和度"，最后图形效果如图10-208所示。

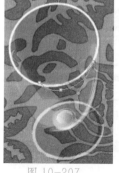
图 10-207

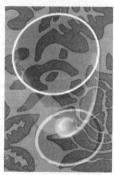
图 10-208

（23）设置描边和填色均为白色，然后使用钢笔工具 ，在页面中合适的位置处绘制一个闭合路径，如图10-209所示。

（24）在画笔面板中单击左下角的画笔库菜单 按钮，在打开的下拉菜单中选择"艺术效果"后再选择"艺术效果_粉笔炭笔铅笔"选项将其载入，然后在画笔面板中选择如图10-210所示的画笔样式，应用画笔样式后的图形效果如图10-211所示。

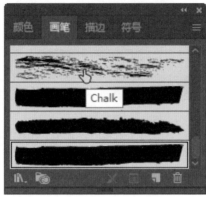
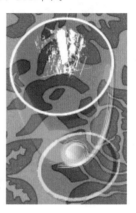

图 10-209　　　　　　　　　　图 10-210　　　　　　　　　　图 10-211

（25）设置描边颜色为白色，然后使用钢笔工具 ，在页面中合适的位置处绘制一条路径，如图10-212所示。在画笔面板中选择上一个步骤中的Chalk画笔，然后在透明度面板中设置该图形的混合模式为"强光"，最后效果如图10-213所示。

（26）设置描边颜色为白色，然后使用钢笔工具 ，在页面中合适的位置处绘制一条路径，如图10-214所示。在画笔面板中选择Chalk画笔，应用画笔后的图形效果如图10-215所示。

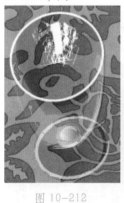
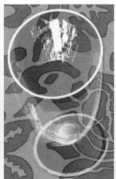
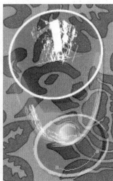

图 10-212　　　　　　图 10-213　　　　　　图 10-214　　　　　　图 10-215

（27）设置描边颜色为白色，然后使用钢笔工具 ，在页面中合适的位置处绘制一条路径，如图10-216所示。在画笔面板中选择如图10-217所示的画笔样式，然后在透明度面板中设置该图形的不透明度为76%，最后图形效果如图10-218所示。

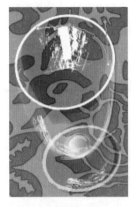
图 10-216

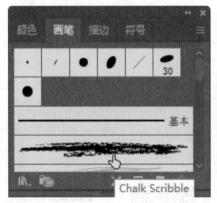
图 10-217

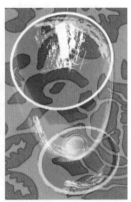
图 10-218

（28）使用钢笔工具 ，在页面中合适的位置处分别绘制两条路径图形，如图10-219所示。然后对其进行相应的颜色填充，填色后的效果如图10-220所示。

到此，整个杯子就制作完成了。

（29）将制作好的整个杯子选中，单击鼠标右键，在弹出的快捷菜单中选择"编组"命令，如图10-221所示，将其组合成一个整体。

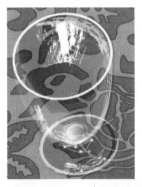
图 10-219

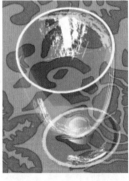
图 10-220

图 10-221

（30）将组合后的杯子图形复制一个副本，然后对其进行相应的位置和方向调整，调整后的图形效果如图10-222所示。

（31）使用选择工具 ，选择被放倒的酒杯，然后降低该图的透明度，其效果如图10-223所示。

图 10-222

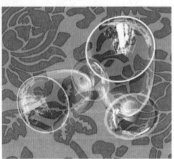
图 10-223

10.9.7 绘制花樽和添加花朵

操作详解：

（1）使用椭圆工具 ，在页面合适的位置处绘制两个等大的椭圆，如图10-224所示。接着再绘制两个同心圆，如图10-225所示。

图 10-224　　　　　　　　　　图 10-225

（2）确认绘制的两个同心圆处于选中状态。使用"窗口"｜"路径查找器"命令，打开路径查找器面板，在该面板中单击减去顶层 ▣ 按钮，如图10-226所示。

（3）设置处理后的图形的填色为从白色到黑色之间的渐变色，然后在透明度面板中设置混合模式为"变暗"，改变图形混合模式后的图形效果如图10-227所示。

图 10-226　　　　　　　　　　图 10-227

（4）使用选择工具 ▶，分别选中前面绘制的两个等大的圆，如图10-228所示。然后在描边面板中分别设置其画笔的粗细值为3pt和0.75pt，改变笔画粗细后的图形效果如图10-229所示。

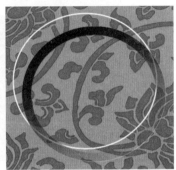

图 10-228　　　　　　　　　　图 10-229

（5）使用选择工具，选中改变画笔粗细后的两个图形，然后按住Alt键并拖动鼠标，将其复制一个副本，如图10-230所示。

图 10-230

（6）使用选择工具，选中复制的两个图形，然后在路径查找器面板中单击分割按钮，如图10-231所示。接着在该两个图形上单击鼠标右键，在弹出的快捷菜单中选择取消编组命令，如图10-232所示。

图 10-231

还原编组(U)
重做(R)

设为像素级优化

透视 >

裁剪图像
隔离选定的组
取消编组

简化(M)...

变换 >
排列 >
选择 >
添加到库
收集以导出 >
导出所选项目...

图 10-232

（7）使用选择工具，将分解后的图形分离，分离后得到的图形效果如图10-233所示。

接着将上边的一部分移到另一个图形的合适位置处，其效果如图10-234所示。

图 10-233

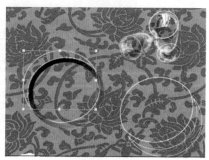

图 10-234

（8）确认调整位置后的图形处于选中状态，然后双击工具箱中的渐变工具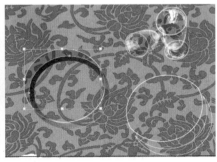，在弹出的Gradient（渐变）面板中设置其渐变色为从白色到C：90、M：20、Y：0、K：0再到C：98、M：84、Y：0、K：0之间的渐变，其他设置如图10-235所示。当渐变色设置完成后，图形会自动进行渐变色填充。

（9）在透明度面板中设置渐变色图形的混合模式为混色，改变图形混合模式后的图形效果如图10-236所示。

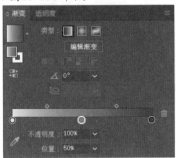

图 10-235

图 10-236

（10）使用选择工具，选中分解后图形的中间部分，将其移到另一个图形上合适的位置处。然后设置与步骤（8）中相同的渐变色填充，设置描边颜色为白色，在透明度面板中设置图形的混合模式为混色。

（11）在描边面板中设置画笔的粗细值为0.75pt，在画笔面板中选择如图10-237所示的画笔样式，设置完成后的图形效果如图10-238所示。

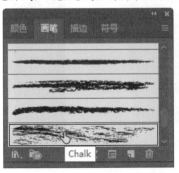

图 10-237

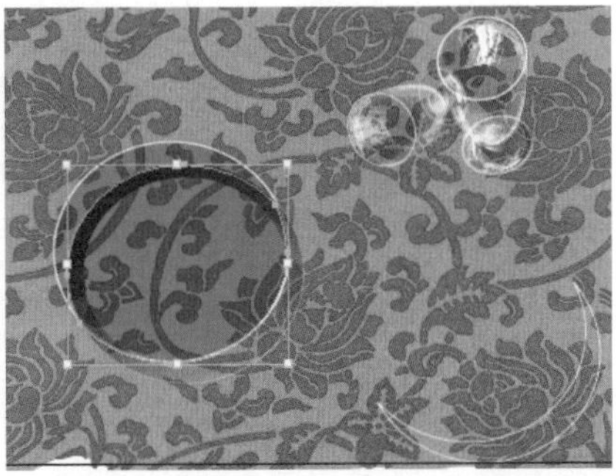

图 10-238

（12）使用选择工具，选中分解后图形的下半部分，将其移到另一个图形上合适的位置处。然后设置与步骤（8）中相同的渐变色填充，再设置描边颜色为白色、混合模式为Hue（色相），最后的图形效果如图10-239所示。

（13）花的添加。使用"文

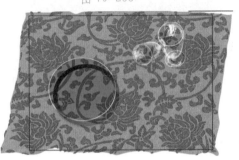

图 10-239

件"｜"打开"命令，在打开对话框中选择Flower.png图形文件，如图10-240所示，然后单击打开按钮确认。打开后的图形效果如图10-241所示。

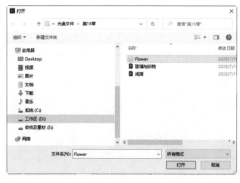

图10-240   图10-241

（14）使用选择工具 ，将该文件中的花选中。然后复制一个副本到玻璃与织物文件中，接着对其进行复制和调整操作，最后的效果如图10-242所示。

（15）使用文件｜文档设置命令，在弹出的"文档设置"对话框中单击右上角的"编辑面板"按钮，然后在工作页面顶部的工具箱属性栏单击页面大小框中的下拉按钮 ，在弹出的页面尺寸列表中选择A3，如图10-243所示。

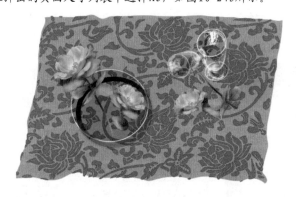

图10-242   图10-243

10.9.8　整体修饰

操作详解：

（1）为织物上的静物添加阴影。在图层面板中选择织物层，然后新建一个阴影层，如图10-244所示。使用钢笔工具 ，在页面中合适的位置处绘制一个闭合路径，如图10-245所示。

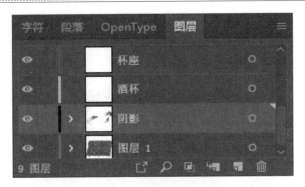

图 10-244

图 10-245

（2）设置其填色为"线性渐变"，参数设置如图10-246所示，其渐变色从左到右分别为 ，然后在图形上从下往上拖动鼠标，填充渐变色后的图形效果如图10-247所示。

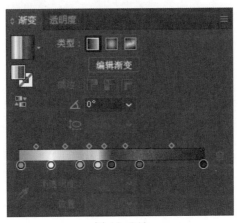

图 10-246

图 10-247

（3）确认填色后的图形处于选中状态。然后使用"效果" | "模糊" | "高斯模糊"命令，在弹出的高斯模糊对话框中设置半径为4.6像素，如图10-248所示。设置完毕后，单击"确定"按钮确认。应用高斯模糊效果后的图形效果如图10-249所示。

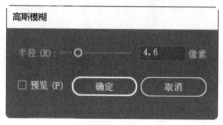

图 10-248

图 10-249

（4）在透明度面板中设置该图形的混合模式为"混色"，改变图形混合模式后的图形效果如图10-250所示。

图 10-250

（5）使用钢笔工具，在页面中合适的位置处分别绘制三个闭合路径，如图10-251所示。然后对其进行同样的效果处理，处理后的图形效果如图10-252所示。

图10-251

图10-252

（6）到此，玻璃与织物图形就制作完成了，其效果如图10-253所示。

图10-253

10.10　梦之华——制作首饰线稿及钻饰立体广告图形

10.10.1　绘制原则与构思

选择首饰设计中的较为典型的戒指设计为例，来讲述Illustrator 2020在首饰设计中的功用。

首饰设计稿一般包括正视、侧视和顶视图线稿各一幅，彩色立体效果展示图一幅。

在本节将首先绘制正视、侧视和顶视图线稿3幅，然后再使用侧视图线稿绘制成最终的立体效果展示图。

本款设计为钻石镶嵌白金戒指，款式体现简洁与婉约之美，尽显钻石的精纯和高贵。

10.10.2　绘制图形

操作详解：

（1）启动Illustrator 2020，选择界面中的"自定义大小"类别，在弹出的"新建文档"对话框中选择"打印"，然后选择A4空白文档预设，在标题栏中输入文件名称"戒指"，其他参数设置如图10-254所示。设置完毕，单击"创建"按钮创建文档。

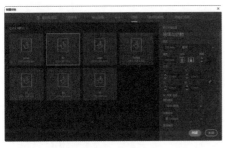

图10-254

（2）正视图线稿的绘制。选择工具箱中的钢笔工具，在页面中通过锚点的方法绘制一个闭合路径图形，如图10-255所示。

（3）选择工具箱中的椭圆工具，在页面中绘制一个椭圆图形，然后将其进行适当的位置和方向调整，调整后的效果如图10-256所示。

（4）使用钢笔工具，在页面中合适的位置处通过锚点的方法绘制一个闭合路径图形，如图10-257所示。

图10-255　　图10-256　　图10-257

（5）确认图10-257所示的图形处于选中状态，然后设置其填色为线性渐变，其渐变色为从白色到黑色之间的渐变。填充渐变色后的图形效果如图10-258所示。

（6）使用钢笔工具，在页面中合适的位置处通过锚点的方法绘制一个闭合路径图形，如图10-259所示。然后将其填色设置为从白色到黑色之间的线性渐变，填充渐变色后的图形效果如图10-260所示。

图 10-258　　图 10-259　　图 10-260

（7）使用钢笔工具 ，在页面中合适的位置处通过锚点的方法绘制一个闭合路径图形，如图10-261所示。

（8）使用钢笔工具 ，在页面中合适的位置处通过锚点的方法分别绘制4个闭合路径图形，如图10-262所示。然后将其填色设置为从白色到黑色之间的线性渐变，填充渐变色后的图形效果如图10-263所示。

图 10-261　　图 10-262　　图 10-263

（9）使用钢笔工具 ，在页面中合适的位置处通过锚点的方法分别绘制2个路径图形，如图10-264所示。

（10）阴影绘制。使用钢笔工具 ，在页面中合适的位置处通过锚点的方法绘制一个闭合路径图形，如图10-265所示。然后将其填色设置为从白色到黑色之间的线性渐变。

图 10-264　　　　　图 10-265

（10）确认阴影图形处于选中状态。使用"效果"｜"模糊"｜"高斯模糊"命令，在弹出的高斯模糊对话框中设置半径为8.8像素，如图10-266所示，然后单击"确定"按钮，应用高斯模糊效果后的图形效果如图10-267所示。

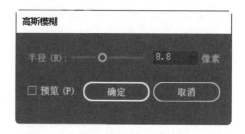

图 10-266

图 10-267

（11）使用同样的方法，将顶视图线稿和正视图线稿绘制出来，其效果如图10-268和图10-269所示。

顶视图

图 10-268

正视图

图 10-269

（12）立体效果展示图的绘制。使用选择工具 ，将整个侧视图选中并将

其复制一个副本，接着选中副本中的如图
10-270所示的两个图形。在路径查找器面
板中单击减去顶层█按钮，如图10-271
所示。这样做的目的是为填色做准备。

图 10-270

图 10-271

（13）其填充分为两部分。第一部分
的填色为从白色到黑色之间的线性渐变，
填充后的图形效果如图10-272所示；第二
部分的填色为从C: 9、M: 2、Y: 2、K: 0
到C: 90、M: 20、Y: 0、K: 0到C: 52、
M: 37、Y: 0、K: 0的线性渐变，填充后
的图形效果如图10-273所示。

图 10-272　　　　图 10-273

（14）背景色的绘制。在图层面板
中选中最下面一层，然后使用矩形工具
█，在页面中合适的位置处绘制一个矩
形图形。设置其填色为线性渐变，具体
设置如图10-274所示，其渐变色从左到
右分别为

3.53 %	2.75 %	45.1 %	61.18 %	90.98 %
3.53 %	65.1 %	89.8 %	93.73 %	94.12 %
36.86 %	91.37 %	0 %	0 %	0 %
0 %	0 %	0 %	0 %	0 %

，填充渐
变色后的矩形效果如图10-275所示。

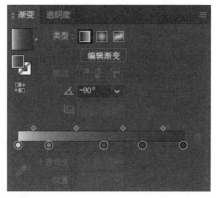

图 10-274

图 10-275

（15）确认矩形处于选中状态。使
用"效果"｜"模糊"｜"高斯模糊"命
令，在弹出的高斯模糊对话框中设置半径
为40像素，如图10-276所示。设置完毕，
单击"确定"按钮确认。应用高斯模糊效
果后的图形效果如图10-277所示。

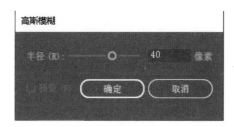

图 10-276

图 10-277

图 10-278

（16）使用选择工具 ，将绘制好的图形进行适当的位置和大小调整，调整后的图形效果如图 10-278 所示。

（17）选择工具箱中的文字工具 ，在页面内分别单击输入一些说明性的文字，其最后的效果如图 10-279 所示。到此，首饰线稿及钻饰立体广告图形就制作完成了。

图 10-279